MOZART'S STARLING

モーツァルトのムクドリ

天才を支えたさえずり

ライアンダ・リン・ハウプト Lyanda Lynn Haupt　宇丹貴代実 訳

青土社

モーツァルトのムクドリ　目次

ジニー――わが家の暮らしに音楽をもたらしてくれたあなたへ

モーツァルトのムクドリ

この地球は自分たちが思うよりはるかによい場所かもしれないし、平和と充足はすぐ間近なのかもしれない。なのに、どういうわけか、わたしたちの賛歌は封じられているか、宵の明星と歩調が合っていないようだ、愚かな鳥の賛歌とはちがって。

——H・M・トムリンソン、『地表（*The Face of the Earth*）』

前奏　インスピレーションの群れ

本書は、あるひとつの事実がなければ、半分の時間で書きあげられただろう。その事実とは、執筆中、たいてい肩にムクドリが乗っていたこと――というか、少なくとも肩の周辺にはいた。たとえばパソコンのキーを叩く指先をつついたり。参考文献の一節に注意深く貼られた付箋を剥がしたり――ピンクや黄色の小さな紙の雲に囲まれて、お利口さんな顔にいかにも満足そうな表情を浮かべる。あるいは糞を、パソコンの画面に垂らしたり、わたしの髪の毛に落としたり。ときには、窓辺にやってきたアメリカコガラが餌箱のヒマワリの種をついばむようすを、わたしと一緒に眺める。ときには、わたしの目を見つめて「ハーイ、ハニー！」と言う。それも、ごくはっきりと。「ハーイ、カーメン」とわたしはささやき返す。ときには、これらすべてに飽きて、どうやら、あらたな楽しみもわたしを困らせる方法も考えつかないらしく、髪の毛に潜りこんできて首の横に立ち、小さな暖かい足を柔らかい胸の羽毛に収めてくつろぐ。鼓動が伝わるくらい、耳の近くで。そして目を閉じ、鳥特有の浅いまどろみに落ちる。

うっとりさせられる光景だが、その根幹には葛藤がある。わたしはネイチャーライターにして野鳥観察家であり、野生生物の保護にも携わってきた。だから、自宅のリビングで愛情たっぷりにホシムクドリを育てていると告白するのは、勇気がいる。環境保全の世界では、ムクドリは文句なく北米一嫌われている鳥で、無理からぬ理由もある。なにしろ、どこにでもいるし、侵略的外来種で、農作物を貪欲に食い荒らし、損なわれやすい生息環境に侵入して、食べ物や営巣地をめぐる戦いで在来の鳥を駆逐し、さらには、おそろしく大量の糞をする。一三〇年前にイギリスからニューヨークのセントラルパークに持ちこまれて以来、何百万羽というムクドリがアメリカ大陸じゅうに広がった。ホシムクドリの成鳥は全長およそ二一センチ、スズメに比べればかなり大きいが、コマツグミよりは小さく、黒っぽい玉虫色の羽と先の尖った長い嘴を持つ。最初のムクドリたちがセントラルパークに現れる一五〇年ほど前、スウェーデンの植物学者であり生物学者でもあるカール・フォン・リンネが、作成中の鳥類の分類体系にこの種を組みいれ、現在も使われているラテン語の学名 *Sturnus vulgaris* を授けた。*Sturnus* は〝star（星）〟を表す語で、飛翔中の形状――尖った翼、嘴、尾――に由来し、*vulgaris* のほうは、ムクドリの誹謗者たちが邪推するような〝vulgar（下品、粗野）〟ではなく、〝ふつうの、ありふれた〟といった意味になる。* リンネが名づけたとき、この鳥はヨーロッパの景色の一要素にすぎず、まだ海を渡ってはいなかった。この種をめぐる議論など存在せず、ただのかわいい鳥だったのだ。いまやムクドリは北米各地に圧倒的に勢力を広げ、多すぎてだれもちゃんと数えられず、推定でおよそ二〇〇〇万羽とされている。生態学的には、北米に彼らが存在することは〝きわめて不運〟にして〝つくづく悲惨〟と言えるだろう。

環境ジャーナリストのニコラス・ランドが全米オーデュボン協会〔野鳥の保護に始まって、現在では一般的な自然保護を目的とする団体〕のサイトで執筆中のブログ〈野鳥観察者の心得（The Birdist's Rules of Birding）〉には、なんと「ムクドリを毛嫌いしてもいい」という主要原則がある。ややもすると、愛鳥精神に目覚めた野鳥観察の初心者は、〝羽のある生き物はすべて熱愛すべし〟が、自分のあらたな使命に求

＊一説では、星（*Sturnus*）については、非繁殖期に黒い羽の先端に現れてちらちら光る小さな白い点が由来だと言われている。この名称の成りたちを正確に知るのは不可能だ。

められることだと信じてしまう。だが事情に通じてくると、種によって関係性に微妙なちがいが出るものだと、ランドは言う。いくつかの種はあまねく愛される。陽気なアメリカコガラの存在をうれしく思わない人がいるだろうか。だがムクドリについては、知れば知るほど心に不協和音が生じる。こうした混乱をはじめて味わった野鳥観察者に対し、ランドは罪悪感を覚えなくてもいいと諭す。「嫌いな種があってもいい……むしろ健全なことだ。まずは、ホシムクドリから嫌ってみよう」前述したムクドリの問題点に、彼はさらにこうつけ加える。「彼らは騒々しくてうっとうしい、なのに、そこらじゅうにいる」

うそ偽りではない。北米の鳥について多少なりとも知識がある人々のあいだでは、ムクドリはただ嫌われるのではなく、徹底的に嫌悪されている。野鳥観察者にしてジャーナリストのノア・ストリッカー（一年間に目にした鳥類種の数の世界最高記録保持者として有名）は、著書『鳥の不思議な生活――ハチドリのジェットエンジン、ニワトリの三角関係、全米記憶力チャンピオンvs.ホシガラス』に、「インターネットで〝アメリカ一嫌われている鳥〟と検索したところ、上位に表示される結果のすべてがムクドリに言及するものだった。このように個人的な意見が広く一致するのはまれだが、この件ではだれもが同じ考えを抱いているらしい。ムクドリは翼の生えた鼠なのだ」と書いている。野鳥観察者はふつう、現地調査で見かけた種のリストを作成するが、多くの人は侵略的なムクドリを入れさえしない。鳥類学の著述家でブロガーのクリス・ペトラックはリストに含めてはいる。だが、見かけたのがうれしいからではなく、「ほぼ一日ムクドリを見ずにすんだ希有な事例と、一羽も見なかったという、もっと希有な事例に関心をそそられる」から。ムクドリがないリストへの喜びなのだ。彼はストリッカーのことばを裏づけてもいる。「鳥好きであろうがなかろうが、ムクドリは愛すべき鳥ではない。それどころか、まぎれもなくアメリカ一嫌われている鳥だ」

ありふれていて、侵略的、攻撃的で、悪しざまに言われる。ムクドリは注目に値しないというより、注目してやる価値などないというのが、おおかたの心情だろう。わが家にムクドリがいると知った訪問客の多くに「へえ、自分は鳥好きだから、ムクドリは嫌いなんですよ」と宣言されたとき、本来なら、そうですねと同意すべきなのはわかっている。わたしだって、この種が北米にいるのをよしとしない。だけど、肩に乗っているこの鳥は？　いたずら好きで、利口で、やんちゃで、いつもかまわれたくて、溌溂《はつらつ》として、まどろみを誘う、この子は？　そう、告白するが、わたしはこの子がこのうえなく好きなのだ。

自著のアイデアをどうやって得るのかと、わたしはしじゅう訊かれる。たぶん、作家ならだれでもこの質問を耳にするはずだ。ことわたしに関して言えば、答えはひとつしかない。アイデアは考え出せない。逆に、アイデアのほうから頭に飛びこんでくる――自発的に、勢いよく、奔放に、まるで天空から現れる鳥のように。とはいえ、偶然と幸運と神の恵みがいくらか関与するにせよ、たいていの場合、アイデアは天から降りてはこない。むしろ、隠喩として正反対のものから生まれる――わたしたちが意識的あるいは無意識に、生涯をかけて耕してきた土壌から。言い換えるなら、自分たちの行動、得た知識、目にするもの、夢想するもの、恐れるもの、愛するものから。

物心がついて以来、わたしはずっと鳥を研究してきた。観察し、スケッチし、その習性や生息環境をメモに書き留めた。何百時間も、鳥類学の教科書や専門雑誌を読みふけった。猛禽を野性に返す仕事にしばらく携わったおかげで、どうやら半径五〇マイル〔約八〇キロ〕以内の傷ついた鳥が、こぞってわたしのもとにやってくるようになった。けがをした鳥をだれかが裏庭で見つけては、小箱に入れて持ってくる。足を骨折してバタバタ跳ねるカモメが、うちの玄関のあがり段に現れる。ある日など、散歩中に、病気のコマツグミが木から文字どおり足元の歩道に落ちてきた。野鳥保護施設を去ってずいぶん経つのに、わたしは心ならずも、親に捨てられたいろいろな種の雛を育てたり、傷ついた鳥の翼を包帯で固定したり、病気の鳥が苦しまずあの世へ旅立てるようにしてやったりすることが多い。そんなわけで、鳥類がわたしの思考、生活、仕事にインスピレーション（創造的刺激）を与えてくれたと言える。だが、ムクドリはちがう。わたしの研究の対象が日常の自然と都会の野生生物である以上、必要に迫られてムクドリについて書いてきたが、けっしてインスピレーションを得たからではない。ムクドリは、そうした評価には値しないものと感じていた。

当然ながら、作家として、わたしの生活の糧はインスピレーションだ。それが去来するのをひたすら見守り、見失ったときは、また訪れますようにと祈る。蝋燭《ろうそく》を灯して窓辺に置き、どうかこのささやかな儀式が功を奏して、インスピレーションが吹雪にさまよう恋人さながら帰り道を見つけられますようにと願う。そもそも、このことば自体が美しい。〝インスパイア〟の語源は、「息を吹きかける、息を吹きこむ」を意味するラテン語なのだ。鳥の渡りと同じく、インスピレーションの風がそよそよと渡るさまが目に浮かぶ。わたしのもとにいないなら、いまどこにいるのか。どこへ出かけたのか。ここにいないとき、だれに、いつ、どのように息を吹きかけているのか。インスピレーションはけっして都合よく訪れてくれない、タイミングを合わせたり、求めに応じたりしてくれない、という悲しい事実を、わたしは何度も痛感させられてきた。なかでも、インスピレーションの風は、わたしが何を書きたがっているかについては、いささかも気に留めてくれない。

二年ほど前のある日、書斎の窓から外をぼんやり眺めていると、家の前の緑地帯にムクドリの大群がいた。*その日、わたしはアイデアを探してはいなかった——取りかかっている仕事があり、次の本ではなく、次の文をどうするべきかを考えていた。そして、ムクドリがたくさん集まったときによくやるとおり、窓を叩いて追い払おうとした。近隣のほかの小鳥は、ムクドリの群れを脅威に感じる——ムクドリたちが降りてくると、庭のサンザシの木からアメリカコガラがぱっと飛び立つし、ヤブガラも、体の大きなコマツグミさえもそうする。恐れを知らぬカラスだけが残るのだ。だから、わたしは窓を叩いた。ムクドリたちはばたばたと形だけ飛び立ったものの、またすぐに着地し、緑地帯を掘り起こしては地虫をあさっている。さらに強く窓を叩くと、ふたたび飛び立った。ところが今回は、太陽に向かったせいでその胸が玉虫色にきらめき、わたしの目がくらんだ。漆黒の羽に散らばる真珠光沢の斑点は、ひどくまばゆくて、陽光のな

＊飛翔するヒバリの群れについては〝イグザルテーション（心の高揚）〟、カラスについては〝マーダー（殺害）〟という表現がある。飛翔するムクドリの群れは、美しくも〝マーマレーション（ざわめき）〟と呼ばれるが、わたしの知るかぎり、地上の群れを表す正式な呼称はない。たぶん、〝プレイグ（疫病、害虫などの異常発生）〟あたりが、ふさわしいだろう。

かの降雪のようだ。忌み嫌われる鳥、愛らしい鳥。矛盾する美に遭遇したこの瞬間、何度も耳にした逸話がぱっと頭に浮かんだ。

モーツァルトは一羽のムクドリをペットにしていた。この逸話を鳥類学の勉強のどの時点で読んだのか、かいもく思い出せない――そこかしこで記録された、たいていは裏づけのない些末な雑学のひとつだ。わたし自身も、はじめての著書『ありふれた鳥たちとの希有な出会い（Rare Encounters with Ordinary Birds）』でこの逸話に触れている。のちに、ジム・リンチの美しい小説『国境の歌（Border Songs）』のなかで、登場人物のひとりがこれに言及しているのを発見した。モーツァルトのムクドリのことをどこで知りましたかと尋ねたところ、リンチは「あなたの本で読みました」と答えた。あら、まあ！　まさか典拠の疑わしい話を自分が広めてしまったのかと不安になってきたが、さらに調査して、この話はたしかに事実だと判明した。モーツァルトはウィーンのペットショップでムクドリに出会ったが、この鳥はどういうわけか、彼が作曲したばかりのピアノ協奏曲の主題をさえずっていた。すっかり魅せられて、彼はこの鳥を数十クロイツァーで買い、死別するまで三年ほど飼った。このムクドリがどうやってモーツァルトの主題を覚えたのかだけでも、音楽と鳥類学にまつわるすばらしい謎だ。だが、ひとつ確かな事実がある。モーツァルトはこのムクドリをかわいがっていた、ということだ。この鳥と暮らした期間中およびのちの作品を調べた最近の研究で、ムクドリが彼の音楽に影響をおよぼしたらしいと判明したし、少なくともオペラ界きっての人気登場人物をひとり生み出したものとわたしは信じている。このムクドリは彼の相棒にして、気晴らし、心の慰め、ミューズでもあった。父親のレオポルトが亡くなったとき、ヴォルフガングは葬儀のためにザルツブルクに赴きはしなかった。ところが、二カ月後にムクドリが死ぬと、庭で立派な葬式を執りおこない、風変わりな哀悼の詩を書いて、人懐っこくていたずら好きなムクドリへの親近感と喪失の悲しみをはっきりと示した。

モーツァルトのほかにも、数世紀にわたって数多くの作曲家や芸術家がペットの鳥を飼ってきた。当のモーツァルトも、人生のべつの時期にカナリアを飼っていた。だがモーツァルトがムクドリと暮らしてこれをかわいがった事実は、じつに驚くべきことだ。世界屈指の大作曲家が、一家の友として、いまや世界でもとくに嫌われている鳥を選んだのだから。クラシック音楽の愛好者たちと話をしたところ、モーツァルトがこの侵略的な種からインスピレーションを得た可能性を考えるだけで気分が悪くなると言われたし、野鳥観察者たちの憤慨も似たり寄ったりだ。いったい、ムクドリのどこがいいのか、と。ムクドリはありきたりで不快だという認識から、どうやら、わたしたち人間はありきたりで不快なあ、、、らゆる資質を彼らに付与しがちだ。やつらは汚いし、醜いし、病原菌だらけで、きっと頭も悪い——どう考えても、天才がつきあう相手にふさわしくない、というわけだ。

その日、真珠光沢の雪片を胸に散りばめたムクドリを眺めながら、彼らが嫌悪されていること、愛らしいこと、モーツァルトの逸話のことをぐるぐる考えていると、iPodから流れてきた曲にはっとした。モーツァルトの交響曲第三八番「プラハ」だ。作曲者がモーツァルトであること以外、この交響曲はペットの鳥とほぼ関係がない（両者が一緒に暮らしていた時期に書かれた曲なのだが、当時、わたしはそれを知らなかった)。だが、わたしにとってはじゅうぶんな共時性《シンクロニシティ》だった。あらたな情熱の対象が心に根をおろした瞬間、うなじの毛がぞわぞわと逆立った。モーツァルトとムクドリの錯綜した逸話がどうしても頭から離れず、わたしは目に見えぬ門をふらふらとくぐって、この物語の小道を歩み、二五〇年間の隔たりから可能なかぎり多くのことを発掘しはじめた。

モーツァルトはこの鳥から何を学んだのだろう。嫌悪の対象と崇高な美が並んでいた事実だけでも、じゅうぶん魅力的だ。だが、両者はどう相互作用したのか。彼らの親和性のもとはなんだったのか。そして、このムクドリはどうやってモーツァルトの旋律を知ったのか。わたしは調査に身を投じ、学術文献をつぶさに読みこんだ。通りへ出て、あたりのムクドリたちについて詳細にメモした。だが悲しいかな、ムクドリの習性に対する理解は不足したままで、二、三週間もすると、ムクドリとの暮らしがモーツァルトにとってどういうものだったのか正確に理解するためには、不本意ながら、自分も同じくムクドリと暮らすほかないと悟った。

何年も前、バーモント自然科学協会で猛禽を野生に返す仕事をしていたころに、ムクドリを数羽育てたことがある。ムクドリはもちろん猛禽ではないが、あらゆる種類の鳥が持ちこまれていたのだ。この野鳥保護施設の公式な方針は、〝やってきたムクドリは残らず安楽死させるべし、乏しい資源をむだに使ったあげく彼らを野生に返して生態系を破壊するなどとんでもない〟だった。持ちこまれるムクドリはたいてい雛で、親に捨てられるか、猫に捕まるかしていた。持ちこんだ人々は生態学上の葛藤を知るよしもないし、ふつうは自分が持ちこんだ鳥の種類さえ知らない。ただただ、庇護が必要な生き物への思いやりにあふれ、すなおな気持ちに従って精一杯のことをしたがっている。ある八歳くらいの男の子は、草とティッシュペーパーで手作りしたみごとな巣にムクドリの雛を寝かせて、そっと差し出した。「この子を助けてくれる?」期待に満ちた大きな瞳でそう尋ねるうしろで、母親がじっと見守っていた。わたしは、なんと言えばよかったのか。〝もちろんよ、坊や。その鳥を渡してちょうだい――あなたの代わりに、汚らしい首をひねって殺してあげるから〟とでも? わたしには、生命への尊厳とほかの生き物への慈愛が培われるほうが、数羽のムクドリを放ったせいでわずかな生態学的影響が生じる可能性よりも、大切なことに思えた。そこで公の方針に逆らって、ムクドリを持ちこんだ人たちと協定を結んだ。雛がぶじ育つかどうか不確かなあいだは、わたしが個人の立場で世話をするが、その後は幼い救助者に雛を返すので飼育のしあげと放野をしてほしい、と。

ムクドリの幼鳥が家にいるのは楽しかった。彼らは利口で、せわしなく、社交的で、かわいらしくて、すばらしいルームメイトになった。当時は、自由奔放な鳥類学の大学院生数人とシェアハウスに住んでいたので、野鳥がうろついて小さな糞がそこかしこに落ちている状況も、いたって正常に思えた。それこそハチドリからタカまで種々雑多な鳥を、わたしは持ち帰っていた。アメリカワシミミズクもいたが、これは同居人たちの意向でやむなく洗濯室に閉じこめた。最後の食事(スカンク)の匂いが強烈だったのだ。ムクドリについてはいつも、活動的な成鳥になるまで待たず、最低限の自活ができるようになると手放していた。というわけで、社会人になったいま、それなりの家具調度や高価な楽器がある家で、数カ月、いや数年間ムクドリを飼ったら、はたしてどうなるだろうかと考えてみた。やるべき仕事はあるし、訪問客には頭がどうかしたんじゃないかと思われるだろう。そんな状態で飼ったら？

案の定、たった一羽の鳥だけで、わたしの家も、頭のなかも、しっちゃかめっちゃかになった。本書のための調査の一環として野生のムクドリを家に迎え入れたはずが、鳥のほうも自分なりの考えを持っていた。壮大な社会的、科学的、音楽的実験の被験者という役割をおとなしく果たすどころか、主客転倒させた。カーメンが教師にして導き役となり、わたしが無知蒙昧な生徒になったのだ——いや、より正確には、何が待ち受けているのかさっぱりわからない巡礼者、驚きに満ちた旅人と言うべきか。モーツァルトのムクドリと自分のムクドリを追いかけて、思いもよらない曲がりくねった美しい小道に誘いこまれ、ウィーンとザルツブルクの街を、交響曲、オペラ、鳥類学研究所、難解な音楽理論、さらには言語学の領域も通り抜けた。自然界および、誠実な友である野生生物たちの精神を奥深くまでのぞきこんだ。そして、わたしたちと生き物——伝統的に美しいとされる生き物、絶滅の危機に瀕した生き物、愛でられてきた生き物だけでなく、地球上のありとあらゆる生き物——との関係には、想像以上に可能性があることを知った。可能性に満ちたこの関係の奥深くには、わたしたちの創造性、暮らし、知性、インスピレーションのもとがあることも。だが、それ以前に、まずは、ムクドリの入手が思ったほど簡単にはいかないことを学んだ。あんなに大量にいて、法的な保護もない鳥なのに。モーツァルトは店でいくばくかの硬貨と引き換えに鳥を手に入れた。わたしの場合、ムクドリの相棒を獲得する道は、もう少し複雑だった。

第一章　シアトルのムクドリ

カーメンがわたしと暮らすようになった経緯は、正直なところ、ちょっぴり寸劇っぽい——なかば救出、なかば窃盗だった。友人から転じた内通者（匿名希望、仮にフィルとしておく）は、わたしが親のないムクドリの雛を探していることを知っていた。彼は公園の管理部門で働いていたので、わが家のもよりの公園でトイレの屋根の下に設営された複数のムクドリの巣が撤去（すなわち〝駆除〟）されることになったと教えてくれた。これらの巣にはわたしもすでに気がついて、占有者の推移をうかがい、軒下から聞こえてくるチーチー鳴く声で、雛がすでに孵ったのを確認していた。それを話すと、フィルは「うん、まあ、結局はただのムクドリだからね」と答えた。法的保護のない害鳥の巣を撤去するさい、公園の職員はなるべく雛が卵から出てくる前に実行するが、ときにはタイミングがずれることもあって、それでもおかまいなしに巣は撤去されてしまう。渡り鳥保護条約法では、ほとんどの鳥の巣を荒らすことはもちろん、触れることさえも違法とされるのに、ムクドリの場合は、だれでも——政府の職員であれ、民間人であれ——罰されずに巣や卵を破壊し、好きなように雛や成鳥を殺すことができる。侵略的な外来種なので、イエスズメやハトと同じく、いかなる法的な地位も保護もないのだ。*

　連邦または州の魚類野生生物局が動物を殺す職務を遂行するとき（たとえば、数が増えすぎたカナダガンを射殺するとか、都市部のコヨーテを罠で捕らえたり撃ち殺したりするとか）、ふつうは闇にまぎれてこっそり実施し、善意の動物愛好者から抗議されないよう配慮する。ムクドリの巣の撤去についても、それは同じだ。「今夜、落とすよ」と、フィルが駆除の報告をくれて、わたしはふいに、銀行強盗の一味になった気がしてくすくす笑った。フィルに礼を言い、夫のトムに連絡して、終業後に公園で落ちあうことにした——

きっと彼の助けが必要になるはずだ。巣からムクドリの雛を連れ去るのが違法ではないとしても、だれかに目撃されたら誤解されそうだし、世間の注意を引きたくはない。その夜、公園はめいっぱい利用され、三〇人の少年がサッカーシューズで走りまわって、コーチが心地よいウェールズ訛りで指示を飛ばしていた。わたしたちはいちばん手が届きやすそうな巣を探し出し、大きなプラスチック製の園内ごみ箱をさりげなく男子トイレに引きずりこんだ。トムがその上にのぼり、長い片腕を壁と軒のあいだにそっと差し入れて、ピーピー鳴く声のほうに伸ばした。だが「届かない」ときっぱり告げ、引っこめるさいに腕を擦り剥いた。わたしたちは攻守交代した。わたしの細い腕のほうが、隙間を通りやすいかもしれないと考えたからで、たしかにそうだった。つま先立ちになると、絡みあった草の巣材に手が触れ、可能なかぎり腕を伸ばしてみた。雛の体から放出されるぬくもりが感じられたものの、腕はトムより細いが（筋肉だよ、と彼はしたり顔で言う）、短くもあった。どうやってもそれ以上雛に近づけず、わたしはムクドリの営巣戦略に舌を巻いた。巣を狙う捕食者（多くは人間ではなくカラスやアライグマ）が近づけない、奥まった空洞を選んでいるのだ。

＊公式には、ハトは侵略的な外来種というより、野性化した外来種とみなされている。アメリカの歴史の初期に、カワラバト（街でよく見かける種）がイギリスから持ちこまれ、入植者によって繁殖、飼育されて、西部への旅に食糧源として携行された。今日わたしたちが街で見かけるハトはすべて、これら開拓者のハトの子孫であり、多くが逃げ出したものだ。本来は岩がちな崖にも生息するので、都会の高層ビルに彼らを見かけると、そうした場所にいる光景が目に浮かぶ。

「これじゃあ、どうしようもないね」トムが肩をすくめた。「手に入らないってことだ」

「あら、それはどうかしら」わたしは顔をしかめてみせた。手を休めて状況を調べていると、サッカー少年のひとりが男子トイレのほうへ来るのが見えて、慌てて外へ飛び出し、建物の壁にもたれかかって何気ないふうを装った。危険が去ったあとで、またこっそり建物内に戻った。そして「さあ、このゴミ箱の上に戻って、鳥を獲ってちょうだい」とホームコメディーの悪妻よろしく命令した。トムはため息をついて、命じられるがままにまたゴミ箱の上に乗り、わたしはそれがぐらつかないよう力のかぎり押さえた――いまにもゴミ箱がするりと横滑りし、強烈に臭いトイレの天井からトムがだらんとぶらさがって、腕を骨折しつつもムクドリの雛を一羽つかむ、そんな映像が脳内で繰り広げられた。わたしたちはゴミ箱の位置をずらし、ひさしの下部がトムの腋の下にちょうど当たるようにしていたのだ。「手を出してくれ」という声が聞こえ、差し出したわたしの手のなかに、このうえなく小さくて醜くて生き延びられそうにない生き物が落とされた。

わたしはハチドリからアカオノスリまでさまざまな雛を何十羽と育ててきたし、もちろん、そのなかにムクドリも何羽かいた。だが、文字どおりヒーヒーあえぐ雛を見たのははじめてだった。鳴き鳥の幼鳥の例に漏れず、その雛もほぼ全身が嘴だった。大きな赤い肉質の割れ目は、成鳥のための目印――〝ここにごはんを落としてちょうだい〟――の役割を果たす。動きや音の刺激があると、反射的に嘴がぱっくり開くのだ。わたしはこの雛が多少なりとも健康なのを確認したくて、嘴をそっとこすり、ムクドリの鳴き真似をしてみた。小さな塊がぱっとのけぞって、嘴を一八〇度にぱかんと開いた。すばらしい。

家に連れ帰った日の、まどろむムクドリの雛。（トム・ファートワングラー撮影）

この雛は生後まだ五から六日ほどで、つきっきりの世話が必要そうだった。羽毛が生えるまで温度を三〇度に保ち、朝から晩まで二〇分ごとに餌を与えなくてはならない。できることなら、もう数日成長した雛――じゅうぶん手乗りになるくらい幼いが、もっと体が大きく強くなるまで実の親鳥に育てられた雛――を救出したかった。この子を巣に戻し、もう少し下準備してもらえるならいいのに。だが、巣は壊される運命だし、嘴をあけさせたせいで母性愛が湧いて、わたしはこのかわいそうな雛とすでに絆を結びはじめていた。不運なきょうだい雛たちと一緒に駆除されるのがわかっていながら、おめおめ巣に戻すだなんてできっこない。もっと言うなら、この子の保温のためにも、調査用の生きた健康なムクドリを確実に得るためにも、雛をもう一羽手に入れたほうがいい――飼育下であれ、野生であれ、雛鳥は悲しいほどはかない生き物で、呼吸器感染を起こしやすく、外部寄生虫にも弱い。現に、この子のむき出しの皮膚の上を一匹這っているではないか。妻のあらたな要請に対し、トムはきっぱり告げた――「金輪際、お断りだね」と。雛の誘拐などこれ以上できないし、やるつもりもない。わたしは口を開きかけたが、賢明にもすぐに閉じた。

これで決まり。この子が、わたしたちのムクドリだ。毛のない半透明の腹がわたしの手の上でじんわりと熱くなり、頭を親指に垂らして雛が眠りだした。わたしは簡易保育器――胸の谷間――にそっとこの子を入れて、ふたりと一羽で家路についた。

この瞬間に、わたしは〝公共の空間から外来種の鳥を取りのぞいた善良な市民のライアンダ〟から、〝無法なムクドリのライアンダ〟へと変貌した。のちに判明したことだが、ムクドリを苦しめたり傷つけたり殺したりしても問題にはならないのに、ワシントン州ほか多くの州では、ムクドリをペットとして大切に育てるのは許されない。説明してくれた野生生物保護局の職員によると、いくつかある表向きの理由のひとつは、繁殖の防止だ。ただでさえムクドリは数が多すぎるのに、ペットとして飼っていた人間が最終的に放野したら、事態がいっそう悪化する。似たようなことが、かつてはロッキー山脈以西の在来種だったメキシコマシコでも起きた。雄は鮮やかな赤い胸を持ち、一年じゅうさえずって、しかも飼いやすいので、ペットとしてよく売られていた。一九四〇年代に、西海岸で違法に生け捕りされて東へ運ばれ、珍しさから人気が出たのだ。やがて野鳥のペット売買を当局が取り締まると、何百羽、いやおそらくは何千羽ものメキシコマシコが、摘発逃れのために業者によってニューヨーク市内に放たれた。そしてたちまち順応し、最終的に大陸の東側全土に広がった。

ムクドリの場合は、しかし、繁殖防止という説明は根拠に乏しい。そもそも、この種はすでに国じゅうにはびこっている。相当な数を放つか逃がすかしないかぎり、個体数に顕著な増加は見られないはずだ。それどころか、野外の雛をわずか一羽連れ去るだけで、将来の個体数を数十羽、いや数百羽も減らせる可能性のほうがはるかに大きい(ムクドリは孵化後九カ月で繁殖でき、たいていは一年にふた腹分の卵を産んで、育雛する。仮に、わたしたちが連れ帰った鳥が、最初の繁殖期にわずか三羽の若鳥を巣立たせるとしても、その若鳥たちと、さらに彼らが巣立たせる若鳥三羽が、年に三羽ずつ巣立たせていったら……どんどん数が増えていくだろう)。さすがに、わたしもムクドリが万人向けのペットだと言うつもりはないが、現行の規制はほとんど意味がないと思う。個人的な意見では、ムクドリに法的な保護がないのなら、親を失ったムクドリを自宅のリビングで育てるのは許されてしかるべきだ。


わずか数分で、わたしたちの新しい雛を公園のトイレから新居に移せた。すでに、砕いた猫用ドライフードと固ゆで卵、リンゴソース、カルシウム、鳥類用ビタミン剤に、ムクドリの雛に最適なバランスの脂肪とタンパク質を混ぜたものを用意してあった。これを、スターバックスからくすねてきた木製のかき混ぜ棒の先端に少しずつ載せて差し出した(雛鳥に、かき混ぜ棒……わたしの軽微な窃盗の記録がどんどん積みあがっていく)。

この雛はそこそこ食欲があるものの、くしゃみをしがちで寄生虫がいた。わたしたちは名前をつけるの

いつも腹ぺこ。(トム・ファートワングラー撮影)

をためらった。個人的な関係を結ぶことで、一時的に引き受けたはずの小さな命に必要以上の愛着を覚えたくはなかったのだ。そのうえ、雄か雌かわからないので、名前選びには慎重を要した。[*] トムはときどきこの雛を〝おちびさん〟と呼んだが、わたしたちはたいてい〝it(それ、あれ)〟ですませていた。

最初の数週のあいだ、この雛はわたしの書斎の机の上で暮らした。巣は、カッテージチーズの容器にペーパータオルを敷いたもので、ロールをひと巻き手近に置いて、頻繁に取り替えられるようにした。白いペーパータオルなら、この子の薄い皮膚から落ちてくる黒い小さな外部寄生虫が見つけやすい。わたしはそれをせっせとピンセットでつまんでは潰した。仮の巣を清潔に保つのは、むずかしくなかった。たいていの鳴き鳥の糞は、つやつやしたじょうぶな膜に包まれている。親鳥がそれを嘴で取りのぞいて、外に落とすので、巣がひどく汚れる心配はない。わたしは指でつまんで取った。そのうえ、ほかの幼鳥と同じく、わたしたちの雛も、清潔で病気を寄せつけない寝床を保とうとする無意識の本能を進化の過程で身につけており、少し成長すると、巣の縁から尻を突き出して外に糞を落とした――プラスチックの縁に小さなお尻をうんしょと持ちあげて、まだ羽の生えていない尾を小刻みに前後させ、みごとなうんちを満足げに放出し、たちまち幼鳥特有の深いまどろみに落ちるのだ。

食べて、糞をして、眠る。その姿は、人間の新生児を思わせたが、いくつかの面では、いっそう足枷となった。羽の生えていない雛の代謝に必要な食事は量も回数もかなり多い。裏庭の巣を観察していると、親鳥はしじゅう、くねくねしたタンパク質豊富な虫を餌として運んできては去っていく。親鳥の代役であるわたしは、一時間に数回給餌するはめになった。現在はティーンエイジの娘のクレアが赤ん坊だったころは、少なくともブランケットにくるんで外に連れ出すことができた――なのに、この雛が相手では外出もままならない。ある日、巣と餌を携行して出先で給餌しようとしたが、熱源の赤外線ランプから離れたとたん雛の体が冷えてしまい、その日はやむなく、またもや胸の谷間に寝かせて買い物をすませるはめに

＊繁殖適齢に達する前、すなわち孵化後最初の春になる前に、ムクドリの性別を正確に判定するのはむずかしい。たいていは、雄より雌のほうが瞳孔を取り囲む虹彩が大きいが、判断基準が主観的で、確度は七〇％程度しかない。キャリパス〔コンパスに似た測定器具。ふつうのものさしでは測りにくいものに使用する〕を用いてカーメンの頭蓋を測定したところ、雌の大きさの範囲だったが、雄と雌の範囲は重複している――大柄な雌の頭蓋はときに、小柄な雄の頭蓋よりも大きいのだ。繁殖期の特徴が見られるようになると、状況が一変する。雄は肩の羽が長くふさふさとしてきて、首の羽がパンクふうになり、さえずりやディスプレイの最中につんつん立つ。この時期に、嘴のつけ根の色も、わたしたちの文化の固定観念に合わせるかのように変化する。すなわち、女の子はピンク色、男の子は青色になるのだ。

なった。わたしはほぼずっと自宅に釘づけだった。うっかり長時間そばを離れたら、〝ごはんをちょうだい！〟とピーピー鳴く赤ちゃんムクドリの声が、小さな体からほとばしり出て家じゅうに響きわたった。

生後二、三週間で、雛の動きが活発になり、わたしは机の上の巣をガラス製の一〇ガロン（およそ三八リットル）の水槽に収めた。雛はしじゅうプラスチックの巣から飛び出し、やわらかい脚の骨ではまだ支えきれない体を丸めて水槽の床を這いずったが、やはり巣で眠るのを好んだ。そのさまはなかなかの見物だった。頭を縁から突き出して、ぜいぜいと、雛特有の熱い呼吸をするのだ（カッテージチーズの容器は小さくなりすぎていたが、雛としては愛着があるらしく、もっと大きいタッパーウェアの巣は却下された）。脚が骨化してじょうぶになったあと、水槽の片端に低い止まり木を設置してやると、喜んで跳び乗ったり、降りたり、バランスをとる練習をしたりした。とはいえ、ごく最初のうちから、遊ぶのも、休むのも、眠るのも、お気に入りの場所はわたしの上だった。両手か膝のあいだ、またはシャツの下にもぐりこむのだ。

鳴き鳥の赤ちゃんは、たとえばキジ、ニワトリ、海鳥など孵化後すぐに走りまわれる〝早成性〟の雛とはちがい、綿毛に覆われていない。裸の状態で孵化する。生後一週間めで鞘に包まれた突起状の筆毛が生え、数週間かかって見栄えがよくなる――羽が生えそろうわけだ。つんつんした突起のせいで、わたしたちの雛はちょっぴりハリネズミみたいな感触だった。だが、やがて筆毛が開きだした。ウサギのようにふわふわで、体温を保ちやすくなり、今度はわたしの肘の内側や、何よりも首の横、髪の毛の下を好んで体をすり寄せてきた。

わが家のぶち猫のデリラは、雛鳥の世話を嬉々として監督した。だれも騙されなかったがいかにも無関心なふうを装い、雛鳥と一緒に机の上に陣取っていたのだ――あいだにはノートパソコンとわたしの体があったわけだが。ときどき、デリラはそろそろと前足を持ちあげ、わたしがにらみつけると、ちょうど指を舐めようとしたところだというふりをして、しばらく顔を洗うしぐさを見せた。雛のもとにデリラだけ残すことはけっしてなかったし、この猫はドアをあけるのがうまいので、ノブ近くのドア枠に釘を打ちつけておき、部屋を出るときはノブに巻きつけた太い輪ゴムを釘に引っかけて、侵入を防いだ。あるときうっかり忘れてしまい、書斎に戻ってみると、デリラが雛に覆いかぶさるように座っていて、両者の顔の距離はわずか数センチだった。デリラは喉をごろごろ鳴らしていた。

そうこうするあいだも、わたしのかいがいしい世話と寄生虫取りが報われているようだった――雛はすくすく育っていた。四週間後には、虹彩の形が雛の性別を示す最初のしるしとなり、わたしたちは〝it〟という中性的な表現を、喜んで〝she（彼女）〟に換えた。そして〝歌〟を意味するラテン語にちなみ、カーメンと名づけた。

第二章　モーツァルトと音楽泥棒

日中は目にもっと輝きがあるが、それでも最初の数週間は弱々しかった。（トム・ファートワングラー撮影）

雛鳥を育てるのは苦労が多い。自然の巣の状態を完璧に再現するのはむずかしいし、いつどんな問題が起きるやもしれない――温度がごくわずかに変化しただけでも、羽毛のない雛は凍えるか熱中症にやられて死ぬ。餌に必須成分が欠けていると正常な成長が妨げられ、突然に思える死を迎えてしまう。あるいは、カーメンがそう危ぶまれたとおり、病弱で幼鳥まで生き延びられないこともある。赤ちゃんムクドリをなかば盗むように救出した夜、わたしは悪夢を見た。ゆがんだ階段をのぼり、戸口をくぐって自宅に入ると、血を流して死にかけた無数のムクドリが床を埋めつくしていたのだ。震えながら目を覚まし、トムを揺さぶった。「ああ、どうしよう、どうしよう、どうしよう。トム。大きなまちがいだったわ」トムはいびきも止めずに寝返りを打った。わたしはローブをはおって、裸足で書斎へ駆けこみ、iPhone の光で雛を照らした。その深い呼吸を見守った。巣の温度を確かめた――熱い赤外線ランプの下は、理想的な三〇度だ。手を伸ばして雛の体の感触を確かめ、うごめく寄生虫をつまんだ。それから椅子を引き寄せ、朝まで雛鳥の呼吸を見守った。

最初の数週間は、カーメンを絶えず見守るかたわら、モーツァルトをうらやんだ。なにしろ、ペットのムクドリを飼ってはいたが、雛を育てる不安を味わわずにすんだのだから。当時のウィーンの鳥商人は、じょうぶに育つまで鳥を売らなかったし、モーツァルトのムクドリは買われたその日にちゃんとした旋律を歌っていたらしいので、完全な成鳥だったはずで、たぶん生後一年は経っていただろう。もっと若い鳥も歌の練習や音声模倣をするとはいえ、モーツァルトの協奏曲の旋律をさえずれるほど熟達した個体はほぼいない。ムクドリの入手にまつわる詳細をはっきり知ることはいまや不可能だが、確たる時系列を含む重要事項がたくさんわかっている。

一七八四年四月一二日、ウィーンのインネレシュタット。モーツァルトは自宅アパートメントの小さな机に向かって、鵞ペンをインクに浸し、優美なピアノ協奏曲第一七番ト長調を全作品目録に加えた。四五三番めに完成した曲で、彼は二九歳だった。

五月二六日。モーツァルトは父親のレオポルトから、郵便馬車で送ったこの協奏曲の譜面がぶじにザルツブルクに届いたという手紙を受け取った。そして返信に、この作品や送ってあったほかの曲に対する父親の意見をぜひとも聞きたいと書いた。ただし「ほかのだれにもお渡しにならない」かぎり、それら譜面の返送を急いではいなかった。モーツァルトはつねづね、自分の音楽が悪人の手に落ちて、才能に劣る作曲家が模倣したり、あからさまな盗作をしたりするのではないかと不安を抱いていた。*

このあと起きたできごとに関しては、多くの可能性がある。だが、おそらく次のような経緯ではないだろうか。

五月二七日、グラーベン通り。タイツの皺が足首に寄ったので、モーツァルトはにぎやかな道端に足を止め、引っぱりあげようとした。ボタン留めされた裾の下の薄い絹地をたくしあげたとき、口笛の旋律に息をのんだ。明るく甘い調べで、美しくも聞き覚えのある断片だ。一瞬どういうことかといぶかしんだが、驚きから立ちなおると、曲をたどって歩きだした。口笛が繰り返され、彼はその街区を進んで、小鳥店のあけ放たれた扉をくぐった。そして、籠に入れられた一羽のムクドリに出会う。この鳥は止まり木の端にやってきて、首をかしげ、マエストロ（大作曲家）の目をひたとのぞきこんで、熱心にさえずっている。気を引こうとしているのだ！　この世に、ヨハンネス・クリュソストムス・ウォルフガングス・テオフィルス・モザルトが必ず応じるものがあるとすれば、それは誘惑だ。そこへ、ムクドリがまた繰り返した。マエストロから顔をそむけて、嘴を天に向けると、膨らませた喉の羽毛を震わせながら、モーツァルトの新しい協奏曲、一カ月前に完成したばかりでまだ公の場で一度も演奏されていない曲の、アレグレットの主題を歌った。というか、それに近い旋律を歌った。ムクドリはリズムに小さな変更（最初のほうの劇的なフェルマータ）を加え、ト音ふたつを半音あげて嬰ト音にしていたが、基本的な旋律はまちがいなかった。

ムクドリが音声模倣したからといって、驚くにはあたらない――ムクドリ科の鳥として、世界でも屈指の物まね上手な種に属し、鳥や楽器のほか、人間の声も含むさまざまな音を上手にまねる能力はオウムに引けをとらない。だが、店にいるこのムクドリは、どうやってモーツァルトのモチーフを覚えたのだろう？この作品はあくまで秘密にされ、六月のなかばまで公には演奏されない予定だった。その初演では、モーツァルトが指揮し、若き愛弟子のバルバラ・プロイヤーがピアノを弾くことになる。そもそも、この曲は彼女のために作られたものなのだ。

モーツァルトはムクドリの歌をたいそう喜んで、当初のショックをほぼ忘れた。鳥と一緒にそのフレーズを何度も口笛で吹き、レパートリーの一片を分かちあった。そしてポケットから支出簿を取り出し、鳥の種名を〝Vogel Stahrl〟と書きつけた。これは北米で〝European starling〟、イギリスでは〝common starling〟と呼ばれる鳥〔日本では〝ホシムクドリ〟と呼ばれる〕のドイツ語名に相当する。** ある論評家は、モーツァルトがこの鳥を〝シュタール（Star）〟と名づけたと主張するが、たぶん、単に種名に言及したこのメ

＊モーツァルトの伝記は世界じゅうに多数存在し、既知の事実はどれもたいてい一致しているものの、この作曲家の人となりについてはさまざまな相矛盾する見解が示されている。わたしはモーツァルトの気質や精神生活に関することを語るさい、できるかぎり、出版された数百通の書簡にある彼自身のことばをもとに考察し、もっぱらふたつのすばらしい翻訳に頼って、本書中で交互に引用した。ひとつはロバート・スピースリングが編纂、翻訳した『モーツァルトの書簡、モーツァルトの人生（Mozart's Letters, Mozart's Life）』で、もうひとつはクリフ・アイゼンが編纂し、ステュアート・スペンサーが翻訳した『ヴォルフガング・アマデウス・モーツァルト――その書簡に見る人生（Wolfgang Amadeus Mozart: A Life in Letters）』だ。いずれも、強くお勧めする。

＊＊のちに、モーツァルトはより一般的な綴りの〝Vogel Staar〟をこの鳥に用いた。今日のドイツでは、この種はふつう〝Vogel Star〟と綴られる。

モーツァルトのモチーフ。

ムクドリのさえずり。

モの解釈を誤ったのだろう。とはいえ、物語を語るうえで愛称があると便利だし、この鳥の実際の名前に関する記録は存在しないので、本書で仮にシュタールとしても問題はないはずだ。

　この逸話については、詳細が知られていない。音楽学者のなかには、話の表面しか知らず、モーツァルトは自分の作品の海賊版をこの鳥が歌ったことに嫉妬まじりの怒りを示したにちがいないと主張する人もいる。だが、モーツァルトの支出簿を調べると、それが事実とはほど遠いことがわかる。〝Vogel Stahrl〟という語の下に、彼は自分がこしらえた旋律と、ムクドリ版の旋律を書きつけている。

　ムクドリの解釈に対する彼の論評は？　〝Das war schön!〟、「それは美しかった！」だ。

　モーツァルトが鳥を飼うのはちっともおかしなことではない。十八世紀のヨーロッパでは、ペットの鳥は人気があった。当時、上流社会の啓蒙主義の特徴として博物学がはやったが、その一環だ。国際海運が台頭したおかげで、オウムやキュウカンチョウなどの異国風の鳥が、ウォンバットやカンガルー、さらには大型のリクガメといったさまざまな動物とともに、動物園や、一般的になりつつあった動物商人や鳥商人の店に入ってきた（「ウォンバットを抱きしめるまで心の平穏が得られるだろうか」と、一八六九年にダンテ・ゲイブリエル・ロセッティは、新しいペットがオーストラリアから海を越えてイギリスへ到着するのを待ち焦がれているときに、弟宛ての手紙で書いている）。異国風の鳥は高価だった。文化史家のクリストファー・プラムは、その著書『ジョージ王朝の動物園（The Georgian Menagerie）』で、オウムには一般的な使用人が丸一年かけて稼ぐ金額と同等の値段がつき、アフリカやオーストラリアからめずらしい種を輸入する財力のある高級商人にとって、鳥の販売はいい商売だと述べている。とはいえ、より幅広い人たちが入手できるペットとしては、ズアオアトリ、ウソ、ハト、ときにはムクドリといった在来種の鳥が売られ、中流階級の客間に装飾的、音楽的な趣を添えていた。

地元の鳥刺し〔生業として鳥を捕まえる人々〕のことはあまり知られておらず、その多くは社会の周縁で貧困に近い生活をしていたようだ。鳥を捕まえて育てたうえで、店を構えた商人に売るか、場合によっては、なけなしの数ペニヒで借りた露店で、簡素な手作りの鳥籠ごとみずから売ることもあった。たいていは家族ぐるみで営み、ぼろをまとった子どもたちを野や森に送りこんで巣や卵の状況を確かめた。そして雛を盗み、じょうぶに成長して販売できるようになるまで育てた。この仕事は社会的に尊敬されていなかったとはいえ、技術なしにだれでもできるものではない。職業柄、鳥刺しはおそらく文字が読めなかっただろうが、博物学の知識が必須で、種を見分けて正しい名前で呼び、巣を見つけ、産卵や雛の巣立ちを観測できなくてはならない。鳥の人工飼育、健康診断、ときには治療のやりかたも知る必要がある。じつに泥棒、科学者、獣医、商売人の顔を同時に持つのだ。なのに、プラムが指摘するとおり、こうした小売商に関する情報の大半は、彼らを酩酊、強盗、軽犯罪の罪に問う裁判記録から得られている。どうやら、育てた鳥がもらわれていく社会において、鳥刺しはその一員とみなしてもらえなかったらしい。

きっと、この熟練技術を持つ無法者のひとりが、モーツァルトの選んだムクドリを手元で飼育し、くだんの店に届けたのだろう。この鳥は人馴れして愛想がよく、経験豊かな店主が無造作につかんで、野草を敷いた木の小箱に入れた。その箱を、モーツァルトは妻のコンスタンツェのもとへ持ち帰った。道すがら、ずっと口笛を吹きながら。

モーツァルトの歩いた距離は短かったが、真昼の通りは騎馬や荷馬車や貸し馬車でごったがえしていた。街にたくさんいる野良犬の何匹かが脚をかすめつつも、マエストロとその謎めいた箱には目もくれず、毎朝売り物の卵、肉、チーズ、ワインを携えて郊外からやってくる露天商のところへ一目散に向かっている。お行儀よく静かに座っていれば、残り物をたくさんもらえるのだ。高く結った髪や、膨らんだフープスカートの襞飾り《フラウンス》。これらは、流行の最後の一〇年にさしかかったところだ。焼き栗の匂いに、台所のコンロの煙、荷馬車から落ちる馬糞。ときには、大道楽師の歌も聞こえる。ふだん、モーツァルトはこうした営みのすべてに目と耳を向けていた――そこらじゅうで繰り広げられる営みを飲み干しては、音楽の形で吐き出すのだ。だが、この日、彼は何も心に留めなかった。頭は小箱のことで一杯だった。なかにいる小鳥にささやきかけ、もしかしたら新しい家について話していたかもしれない。かたやシュタールは、店ではこの男性の声に惹かれたが、いまや小箱の真っ暗な片隅にうずくまり、目を見開いて沈黙していた。人に馴れてはいても、箱詰めされて運ばれるのが好きなムクドリはいない。きっと怯えていたはずだ。

ほどなく、モーツァルトはグラーベン二九番の自宅アパートメントに着いた。おしゃれな界隈だ――当時もいまも、グラーベン通りはショッピングとファッションの中心街なのだ。自宅アパートメントはさほど広くはないが、当時はヴォルフガングとコンスタンツェのふたりと、小さな愛犬のガウケルルだけで、そこへシュタールが加わった。ヴォルフガングはこの鳥が家に陽気な空気をもたらしてくれると思ったのかもしれない。夫妻の最初の赤ん坊、小さなライムント・レオポルトが、前年にわずか生後数週間で亡くなっていた。この子は乳母に預けられており、ヴォルフガングとコンスタンツェは、ザルツブルクにいる年長のレオポルトを訪問していた――父親と妻の友好な関係を育もうという息子なりの試みだ（レオポルトはコンスタンツェに会ったことは一度もないのに、当初からこの結婚に反対していた）。夫妻が出発したとき、ライムント・レオポルトは丸々として上機嫌だったし、モーツァルトは、当時の医療関係者が（不幸にも）一般的に推奨していた水と粗挽きのオートムギではなく、母乳で育てることにしたせいでわが子が死んだのだと自分を責めていた。その五月の午後、彼が箱入りのムクドリとともにグラーベン通りのアパートメントに戻ったとき、コンスタンツェは妊娠五カ月で、第二子のカール・トーマスをみごもっていた。夫妻は子どもを六人もうけたが、成人するまで生きたのは、この子ともうひとりだけだ（悲惨きわまりない話に思えるが、この生存率は平均より少し上だった）。

わたしが思うに、コンスタンツェはあらたな同居者に困惑すると同時に、ちょっぴり怒ったが（よりによって世話が必要な生き物を、妊婦が欲しがるだろうか）、驚きはしなかった。夫は子どものころからペットの鳥が好きだったからだ――なかでも、歌を歌うカナリアが。どんな負の感情を抱いたにせよ、ヴォルフガングの臆面もない喜びの前に、それらは消え失せた。シュタールは短い旅路で落ち着きを失っていたが、利口な鳥の例に漏れず、じたばた騒ぐことなくたちまち新しい籠になじんだ。生き餌や種子餌が小鳥店でふつうに売られていたものの、おそらくシュタールは家族と食事を分かちあい、モーツァルト家の食卓から切れ端や残り物をついばんでいただろう。手で食べさせてもらったり、籠に入れてもらったり。ムクドリは雑食性で、十八世紀のウィーン中産階級のキッチンから出るさまざまな食べ物くず——肉、じゃがいも、果物、豊富な菓子パン類——が、小さなシュタールに適度なバランスの脂肪とタンパク質を提供していたと思われる（カーメンも残り物をついばむのが好きで、なかでもヒラマメ、スパゲッティー、クスクスサラダが大好物だ）。

コンスタンツェが子どものころペットを飼っていたかどうかわからないが、父親のフリードリン・ヴェーバーが音楽関係の職をいくつか掛け持ちしており、一家の生活は動物を飼うには落ち着きがなさすぎただろう。文化的、知的な中心地であるマンハイムで育ったコンスタンツェは、ヴェーバー家の四人姉妹のうち二番めで、姉妹全員がクラシックの声楽の訓練を受けていた。そしてコンスタンツェが一〇代のころ、長女のアロイジアを歌手として成功させるために、一家は頻繁に引っ越していた。

モーツァルトはやや田舎びたザルツブルクで生まれ育ったが、ヴァイオリンとピアノの神童で、やはりすぐれたピアニストである姉のマリーア・アンナ（愛称ナンネル）とともにヨーロッパを広く旅してまわった。こうした金のかかる長期の旅にはたいてい両親が随行し、荷馬車の旅につきもののさまざまな危険に見舞われた——悪路、きびしい天候、病気。ヴォルフガングはしょっちゅう病を患い、何度か死にかけた。

身長の低さが世間や医療関係者に取り沙汰され、レオポルトも気を揉んだ。健康問題はその後もずっとつきまとうことになる。

やがてレオポルトは、自分の若き天才たちをヨーロッパ各地に紹介したくても、もはやザルツブルク宮廷楽団のカペルマイスター（楽長）としての義務を逃れられなくなった。そこで一七七七年、母親のアンナ・マリーアが二一歳のヴォルフガングにつきそい、レオポルト抜きで一年四カ月の旅に出た（ナンネルは父親のもとに残って家事のきりもりをした）。最初の数カ月はマンハイムで過ごし、それからレオポルトにせきたてられて、パリに赴いた。ヴォルフガングが市内のあちこちに出かけては、音楽を教えたり、作曲したり、独演会を催したり、王族や貴族のパトロン候補に取り入ろうとしたりするあいだ、アンナ・マリーアは同伴者なしでは上流社会を動きまわれず、じめじめした部屋でみじめな生活を送っていた。「階段がとても狭くて」と、レオポルトに書き送っている。「クラヴィーアを運びあげるのは無理でしょう。ヴォルフガングは家では作曲できません。一日じゅうあの子に会っておりませんので、話しかたをすっかり忘れそうです」彼女はパリで病に倒れ、あっけなく世を去った。モーツァルトの心がこの悲劇から完全に癒えることはなかった。

若きモーツァルトはパリでひとり、母親の亡骸を前にして、父親と姉に何が起こったのか知らせる勇気が出せなかった。レオポルト宛ての手紙でうそをついた。「とてもいやな、悲しいお報せをしなくてはなりません……いただいたお手紙にもっと早くお返事できなかったのは、そのせいです……おかあさんの具合が大変悪いのです――いつものように、瀉血をしてもらいましたが、どうしても必要なことでした。そ

モーツァルト一家の肖像。（ヨハン・ネーポムク・デッラ・クローチェ、1781年）
（トム・ファートワングラー撮影）

の後は、かなり調子がよくなりました――」ザルツブルクの友人にこの悲報を伝えてもらい、自分のことばでは一週間あまり真実をレオポルトに書けずにいた。「この小さな、やむをえないうそを、おとうさんもおねえさんもお許しくださることと思います――ぼく自身がこれほどつらく悲しいのですから、おふたりの悲しみはいかばかりかと考えると、この恐ろしい報せをいきなりお伝えする気にはどうしてもなれませんでした」このとき抱いた罪悪感と不安の名残が、のちに愛情と焦燥の入り混じった気遣いという形で顔を出し、（あとに残して立ち去るのは耐えがたかった）妻に、子どもたちに、愛犬に、そしてムクドリにも向けられることとなる。母アンナ・マリーアの死後に描かれた、ザルツブルクの自宅にいるモーツァルト一家のせつない油絵の肖像画がある。ピアノの前に成人した子どもふたりが座り、ヴァイオリンを手にした父親のレオポルトが横手にいて、最愛の母親の姿は長円形の額に収められた後方の絵にあり、髪を高く大きく結って青いリボンで巻いている。一家のこの肖像画は、いまはモーツァルトの生家で亡霊的な強い存在感を放ち、ヴォルフガングが生まれた薄暗いフローリングの部屋の奥にかけられている。一家に見つめられながら残りの展示品を観賞するのは、妙に落ち着かない――この片隅には、衣擦れの音とささやきと哀悼の念がある。

母親の死後、モーツァルトはあちこち旅をしながらもザルツブルクを本拠地にしていたが、二〇代前半に才能が大きく花開くと、この町が田舎くさく感じられだした。そして、やっとのことで、心配性だが聡明な父親のもとを離れることができた。レオポルトは現代のモーツァルト神話において誤解されている。なるほど、困った側面――干渉が激しい、心配性、共依存、家族の行動を高圧的に細かく管理する――の文献証拠はたくさんある。支配的な性格は目にあまって滑稽に感じられるほどだし、一家の往復書簡にはそのおびただしい実例が見られる。アンナ・マリーアとヴォルフガングが旅に出ているあいだ、レオポルトはひっきりなしに手紙を書き、じゅうぶん有能な妻に仕事や生活についてこまごまと指図をしていた。

どこに泊まろうと、宿の主人に必ず靴型を長靴に入れてもらいなさい……楽譜はいつでも行李のいちばん前に入れておくべきだが、大きな油布を買って、古い布も一緒に使ってしっかりくるみ、安全にしておかなくてはなりません……郵便馬車で、新しい靴下を何足か送ります。

だが、レオポルトは家族を心の底から強く愛していた。賢明にも、音楽にかぎらずあらゆる科目について、自宅で子どもたちを教育した。すぐれた作曲家で、ヨーロッパじゅうで名を知られたヴァイオリン教師でもあった。レオポルトがいなかったら、わたしたちはヴォルフガング・モーツァルトの存在を露ほども知らずにいただろう。

とはいえ、父と息子の関係はつねに緊張をはらむこととなった。ヴォルフガングが青年期に達すると、レオポルトは息子の生活のあらゆる側面に口を挟んだ。息子がどこへ旅をしようが、非難がましい手紙を次から次へと送っては、貴族階級に取り入る方法をもっと探りなさい、著名な作曲家たちとの関係を改善しなさいと指図して、しじゅう、もっと金を稼ぐようせきたてた。これらを実現するにはどう行動すればいいか、手紙にはこと細かな助言がずらずらと書かれている。ヴォルフガングへの愛情はまごうかたないとはいえ、一家がその才能を広める旅や衣装や宿にいかに費用を注いできたかを絶えず息子に言い聞かせずにいられなかった。うしろめたさと愛情と恩義の入り混じった雲を動員し、その雲がどこでもいつでも息子につきまとった。

妻の死後、レオポルトはいっそう口うるさく心配性で支配的になり、ザルツブルクを離れたいという息子の願望が事態を悪化させた。ヴォルフガングはコロレド大司教のもとでの薄給の職をみずから辞して、ウィーンへいわば逃亡し、才能豊かな姉をあとに残して悲嘆に暮れさせた。いまや父親の家のきりもり役となったナンネルは、目の前にふたつの選択肢しかないことを悟っていた。身持ちの堅い未婚女性として生きるか、結婚するか。どちらを選んでも、音楽家としての人生をあきらめなくてはならない。レオポルトはヴォルフガングにかかりっきりで、もはや娘の才能をあと押ししなかった。彼女は何日もベッドで過ごし、自分の行く末の動かしがたい現実に苦しんだ(最終的には結婚するが、幸せではなかった)。めざましい才能に恵まれていながら、ナンネルはピアノの演奏をやめた。

マンハイムに母親と滞在していたとき、ヴォルフガングはヴェーバー音楽一家に出会った。当時、コンスタンツェのことはほとんど眼中になく、華やかで美しくて歌姫のソプラノを持った姉のアロイジアに夢中だった。無謀な計画を立てて、アロイジアと駆け落ちし、その清らかな声に捧げるアリアを作曲してふたりとも有名になろうと考えた。そして、これらすべてを父親宛ての手紙に書いた――〝ヴェローナではプリマドンナにいくら払われるか、教えていただけませんか?〟と。哀れなレオポルト! ヴォルフガングの世間知らずな計画が書かれた長い親書を読んで、激しい怒りに駆られた。「愛する息子よ」と彼は返信した。「おまえの四日付の手紙を読んで、ひどく驚き、うろたえました」嘆きがあまりに深くて、ひと晩じゅうまんじりともせず、手紙も満足に書けないほど憔悴しきって、一語一語がつらいのだと主張した。にもかかわらず、長々と手紙を綴って、息子の計画の愚かさをこと細かに説明した。レオポルトにとって、この計画は、実行したら一家ぐるみで世間のつまはじきに遭う現実離れした妄想に思えた。「よくも、そんなとんでもない考えをほんの一瞬でも抱いたものだ……おまえの名声を――年老いた両親と、愛しいおねえさんをうち捨てて……このわたしを物笑いとあざけりの種にするなんて」結びに、常套手段を用いて、傷口に塗りこんだ――罪悪感を。「思い出しておくれ、おまえが旅立つときに、やつれきって馬車のそばに立っていたわたしの姿を。病気をおして夜なかの二時までおまえの荷造りをし、朝六時にはもう馬車のところにいて、おまえのために何もかも世話してやったのを――おまえがこうも無慈悲になれるのなら、わたしを悲しませるがいい！」

だが結局のところ、レオポルトは心配する必要はなかった。少なくとも、ヴェーバー家の上の娘についてては。アロイジアはじきにヴォルフガングを捨てて、もっとおとなで財力がある（そして身長もはるかに高い）俳優、歌手、肖像画家のジョゼフ・ラングと結婚した。モーツァルトは作曲や演奏をしながらヨーロッパ各地を回り、やがてウィーンに戻ったが、今度はそこにヴェーバー一家が住んでいた。ヴェーバー氏はすでに故人で、ヴェーバー夫人は家計の足しにするために下宿人を置いていた。モーツァルトはヴェーバー家に数週間下宿し、その間《かん》に自然な流れで、アロイジアから妹のコンスタンツェに心を移した。コンスタンツェへの愛情は、アロイジアにのぼせていたころより若々しい情熱に欠けていたかもしれないが、ふたりは真剣だった。彼は結婚を考えた。

レオポルトは差し迫ったこの結婚に反対で、やきもきしていた。いままで長年にわたり、息子の名を高める道筋を周到に画策してきた。なのに、結婚を通じて名声と栄誉を手にする機会を、ヴォルフガングは捨てようというのか？　そして名も、金も、将来性もなく、先々の収入を確保してくれる息子もいない一家の一員になる？　レオポルトはじかに会ってもいない彼らをさげすんだ。だが、ヴォルフガングは当時二五歳、そろそろ身を固める年齢だった。ヴェーバー家の人たちと一緒だと心が安まったし、すぐ近くにいるおかげでコンスタンツェとの友情が深まり、その後数カ月かけて強い愛情を育んだ。恐れを抱きつつも、彼は固い決意で父親に手紙をしたためた。

まんなかの娘、ぼくの善良でいとしいコンスタンツェは、一家の殉教者で、たぶんだからこそ、姉妹みんなのなかでいちばん気だてがよく、賢くて、ひと口に言っていちばんの娘です。

経済的な側面に対するレオポルトの懸念に反論しようとして、コンスタンツェの実務的な美徳を強調した。

ぼくの愛するコンスタンツェの性格について、もっとよく知っていただかなくてはなりません――彼女は醜くはありませんが、けっして美しいとは言えません――美しいところはひとえに、つぶらなふたつの黒い瞳とすらりとした体つきです。機知はありませんが……常識はじゅうぶん備え……身なりにお金を使いません。そういう話は真っ赤なうそです――それどころか、質素な装いに慣れています……そして女性に必要なたいていのものは、自分で作れますし、髪も毎日自分で結っています。*家政の心得があり、このうえなくやさしい心の持ち主です――ぼくは彼女を愛し、彼女も心から愛してくれています――これ以上の妻を望めるでしょうか?

*自分で髪を結うのはそれほどすごいことに思えないかもしれないが、当時は中流階級でも、男女を問わず、理容師が自宅を訪問して毛髪またはウィッグを最新流行のスタイルに結うのが一般的だった。

コンスタンツェは機知に富んでいた。芸術家魂と安定した気質の持ち主だった。しかも、夫が大人物であるにもかかわらず、快活な独立心を持ちつづけた。あちこち旅をし、一家の音楽事業を取りしきった。めまぐるしく状況が変わる家計をだれにも引けを取らないくらいやりくりし、作曲活動、パーティー、リサイタル、数度の妊娠、子どもたち、埃っぽい十八世紀のウィーンで中産階級が送る家庭生活のあれこれ、といった混乱のなかで、それなりに落ち着きを保っていた。欠点を見つけようと手ぐすねを引いていたレオポルトですら、若き夫婦の自宅アパートメントを訪問したあとで、コンスタンツェの良識的な家計のきりもりに言及している。ヴォルフガングとコンスタンツェの結婚生活は問題もあるにはあったが、さして深刻ではなく、全般的に見て幸せなものだった。

シュタールはその結婚生活のまっただなか、モーツァルトの人生で最も音楽活動が活発で、裕福で、充実した時期に、家族の一員に加わった。おそらく家族一小さな体だし、たいていの伝記では、たとえ言及されていてもごくわずかだが、モーツァルトの物語の中心から遠く離れてはいない。モーツァルトの研究家はだれしも、この鳥の視点でこの時期を眺められるならどんな犠牲をもいとわないだろう。シュタールが声の曲芸を披露していた間に、少なくとも八つのピアノ協奏曲、三つの交響曲、そして『フィガロの結婚』が誕生している。レオポルトが若き夫妻の家に一〇週間滞在して、結果的に唯一の訪問を果たしたときにも、シュタールはその場にいた。いわゆる『ハイドン四重奏曲』が、パパ・ハイドン本人を招いて客間で初演されたときも、これを聴き、おそらくは演奏に合わせてさえずっただろう。一七八四年にカール・

トーマスが誕生し、一七八六年にヨハン・トーマス・レオポルトが誕生したときも、この家にいた。好奇心に満ちたムクドリの目で、小さなヨハン・トーマス・レオポルトが生後わずか四週間で死んだときの、一家の嘆きも目撃した。シュタールはこれまでモーツァルトの伝記の脚注扱いをされてきたが、わたしはムクドリと暮らしはじめて、こうした複雑な時期にこの鳥が快活さと希望と励ましをのべつもたらし、それがモーツァルトの心と音楽を支えていたのだと確信するようになった。

モーツァルトがシュタールを連れ帰ってから三年後、父親のレオポルトが他界し、罪悪感と嘆きと安堵が複雑に交錯するなかに息子を取り残した。モーツァルトは葬儀のためにザルツブルクへ赴かず、彼の立ち会いなしにレオポルトは埋葬された。その二カ月後にムクドリが死ぬと、モーツァルトはこの鳥に敬意を表して正式な葬儀を行ない、一張羅を身につけて、友人たちにビロードのケープをまとわせて会葬者に仕立て、愛情のこもった追悼の詩を書いた。わたしの好きな翻訳はマーシャ・ダベンポートのもので、一九三二年に刊行されていまは絶版となったモーツァルトの伝記に入っている。この短い詩の滑稽さと形式美を両立させた翻訳だ。

その死を思うと
この胸はいたむ。
おお読者よ！　きみもまた

流したまえ一筋の涙を。
憎めないやつだった。
ちょいと陽気なお喋り屋。
ときにはふざけるいたずら者。
でも阿呆鳥じゃなかったね。

〔ここでは、ダベンポートの英訳から重訳するのではなく、『モーツァルト書簡全集VI』（海老沢敏、高橋英郎編訳、白水社）から原語の翻訳を引用させていただいた〕

この詩から、モーツァルトがムクドリの典型的な性格をよく知っていたことがうかがえる――明るく、愛想がよく、かわいらしく、いたずら好き。歴史家のなかには、この哀悼の詩はただのおふざけだと主張する者もいるが、ムクドリと暮らした人間なら、よもやそんな発想は浮かんでこないだろう。

第三章　招かざる客、予期せざる驚き

生後四週間で、カーメンが水槽内をばたばた羽ばたきはじめて、もっと大きな住まいが必要だと気がついた。そこで階下に移し、車輪つきの大きな籠に入れた。とはいえ、カーメンはやはり毎日数時間は籠の外で過ごし、家族みんなに体をすり寄せてまどろんだり、習得したばかりの飛行技術を磨いたりしていた。ムクドリはおそろしく社交的な鳥で、カーメンも家族の姿が見えなくなると哀れっぽい呼び鳴きをした。籠に入れる必要があるときは（暑くて窓をあけ放たずにいられない日や、キッチンで調理中に沸騰した湯が危険なとき、食事中に人間の食べ物から遠ざけておきたいときなど）、どこであれ、わたしたちの姿が見えておしゃべりができる場所に籠を移動させた。

この週齢で、ムクドリの成長はほぼ完了する。成熟するにつれてむしろ体がやや小さくなり、雛の脂肪がそぎ落とされて成鳥のほっそりした体形に変わる。同時に、いっそうせわしなく活動的になる。カーメンの籠は見つけたなかでは最大だが、そこに長時間入れておくなど考えられなかった。器用このうえないわが父、ジェリーが数日間滞在して、勝手口の横の部屋に鳥小屋を設計、設置するのを手伝ってくれた──部屋のなかの部屋だ。作業中のわたしたちが見える位置にカーメンの籠を置き、新居建築の進捗状況を観察できるようにした。過程をその目で見ていれば、引っ越しても広すぎて怖いと感じずにすむだろうと考えてのことだ。

二インチ〔約五〇ミリ〕×二インチの原木シーダー材で頑丈な枠組みを作り、やや軽い一インチ×二インチを筋交いにして、金属格子の〝鋼製金網〟を外側からかすがいでしっかり取りつけた（内側だと、カーメンの爪がかすがいに引っかかる恐れがあるので）。そして、この囲いを部屋の片隅に据えた。家族が大半の

生後6週間ですっかり成長し、幼鳥期の灰色の羽から換羽したカーメン。（トム・ファートワングラー撮影）

時間を過ごすキッチンと食堂のあいだの広い空間で、わたしたちがどちらにいてもカーメンにはその姿が見えるし声も聞こえる。小屋は床から天井までの高さで、うしろには大きな窓があって、木々や鳥や空が見渡せる。原木と金属の構造物は見た目が自然で感じがよく、天然木の枝を止まり木として加えてやった。*

丸二日がかりで、朝から晩まで切ったり打ちつけたり、金物屋に幾度も足を運んだり、父が大量の汗を流したりしたすえに、ようやくみごとな鳥小屋が完成した。父とわたしは自分たちの仕事ぶりをしげしげと眺め、ハイタッチをして、祝杯のビールを注いだ。だが、カーメンは用心深かった。ムクドリは猫に似ている――勇敢で好奇心が強いわりに、慣れ親しんだものを好む。これはカーメンにとって、まるきり新しい世界だった。

＊鳥のすみかに天然木の枝を使うときは、事前に下調べをしておくことが大切だ。鳥種によっては、有害な樹皮もある。

父がビールを飲み干す間《かん》に、わたしは小さな愛鳥に新しいすみかを案内しようと考えた。肩に乗せて鳥小屋の戸口に立つと、カーメンが目を大きく見開いた。わたしはなかに入り、止まり木のあいだに立って、どうすればいいのかこの子が理解してくれるのを待った。肩の上の足が不安げにこわばるのを感じたが、一五秒ほどして、一本の枝に乗せてやり、自分だけそっと外に出た。カーメンは片隅のいちばん高い場所に体を縮め、圧倒されて声も出さずに一時間ほど過ごした。次の一時間は、そっと探検しはじめた。三時間めには、鳥小屋をすっかりわがものにして、意気揚々と止まり木から止まり木へと飛んでいた。わたしは小さな鏡やさまざまな玩具を用意し、関心を持続させるために毎日取り替えている（お気に入りのおもちゃは、床の上でひっくり返したり踏みつけたりできる空の牛乳パックと、玉乗りの練習ができるプラスチックのボトルだ）。この子が飛びまわって探検する広さはじゅうぶんある。可能なかぎり扉をあけ放って、自由に出入りできるようにしているが、その状態でもカーメンは小屋で過ごすことが多く、ときにはわたしの肩と小屋内のお気に入りの枝とを行きつ戻りつする。「みごとな飛びっぷりね！」とわたしは声をかけ、健康的な運動を奨励する。鳥小屋はこの子の家であり、安全な場所だ。何かに驚いたり、退屈したり、眠くなったり、水浴び後の羽繕いをしたりするときは、なかに入りたがる。わが家のあちこちから禁制品（画鋲や硬貨）を失敬したときも、ここに持ち帰って隠す。

小屋の戸口は、掃除しやすさを考えて人間が出入りできる大きさにし、建設作業の途中で、ダッチドア、つまり上下二段式の扉にすることに決めた。そのほうが見栄えがよく、蝶番も長持ちすると考えたからだが、結果的に、これが鳥小屋のなかでとくにカーメンの好きなところとなった――上部の扉だけ開いた状

はじめて生えそろった、星を散りばめた成鳥の羽。(トム・ファートワングラー撮影)

態で、閉じた下部の扉に止まって縄張りを見渡すのが好きなのだ。初対面の人間にはやや人見知りをするので、来客中はこの場所に——下半分の扉の上に——いたがる。ここなら侵入者がよく見えるし、怖くなったら小屋のなかにさっと逃げて、お気に入りの枝でひと息つける。客のほうも、小屋の金網なしにその姿を眺められるというわけだ。

鳥小屋が完成してほどなく、最初の換羽が始まって、幼鳥の地味な灰色の羽からおとなの羽に生え換わった。日ごとに斑点の数と輝きが増した。カーメンについてよくある感想のひとつが、「あら、なんてきれいなんでしょう。ほかのムクドリとはぜんぜんちがう」だ。どうやら、ムクドリは嫌われるあまり、醜いか、少なくとも地味だと思われているらしい。わたしの目にもカーメンはほかのムクドリより美しく映るが、それは性格を知っていて、いとしくてたまらないから。だが、じつはムクドリとして器量がよいほうではない。どちらかと言えば、ややひょ

白黒写真で見ても、ムクドリの羽の細部はじつにすばらしい。この接写画像では、上から雨覆羽、やや短い次列風切羽、初列風切羽の長い縁のライン、胸部の尖った羽が見える。（トム・ファートワングラー撮影）

ろ長い。長距離を飛ぶことがないので、胸筋がちゃんと発達していないのだ。また、きれい好きで清潔ではあるが、健康な若い鳥はみんなそうだ。

カーメンについてほかの人が何よりも驚くのは、おそらくそのきらめきだろう。ホシムクドリの例に漏れず、カーメンの羽は玉虫色にきらめく——ある角度から見ればぼやけた黒色だが、見る角度が少し変わったり、一定方向から斜めの光を浴びたりすると、とたんにきらきら輝く。ムクドリの色彩は水面に張った油膜みたいなもので、輝く紫色、青色、深紅色、緑色の層になっている。この玉虫色のきらめきは、羽の表面構造のちがいによってもたらされる——羽枝や小羽枝のごく小さなこぶや畝が、光を屈折、散乱させるのだ。ハチドリの喉の斑点が、あるときは深紅色に、あるときは茶色に見えるのと、原理は同じだ。ムクドリの場合、秋に換羽して生えてきた羽の多くは先端が白いので、星を散りばめたような模様が現れる。ところが、羽を玉虫色に見せる表面構造のちがいは、補強の役割も担っていて、強い光やきびしい天候から守ってくれる。白い先端部はそうした補強がないので、冬に少しずつ消えていき、春には全身がきらめく黒色になる。これは、生殖羽の獲得戦略としては独特だ——たいていの鳴き鳥は春に鮮やかな生殖羽に換羽して繁殖相手の気を引こうとするのに対し、ムクドリはただ白い部分を摩耗させて繁殖期のきらめく姿をあらたに手に入れる。* たいていの鳥は、人間には見えない紫外線が見えるので、玉虫色のムクドリの体が文字どおり輝いて見える。紫外線が見えない人間の目にも、陽光を浴びたその体は目が覚めるような美しさだ。

これほどありふれた鳥、都会の住人が最もよく見かけるであろう鳥が、これほど理解されていない、いや認識すらされていないのは、どういうことだろう。独特のきらめく羽衣を持っているのに、大多数の人が――日ごろすぐそばで暮らす都会の住人すらも――その姿を正確には見分けられないのだ。輝きがはるかに劣るクロムクドリモドキと混同する人が多く、カラスの雛と見まちがえる人もいる（これら三羽はどれもスズメ目の、いわゆる鳴き鳥だが、それ以外の点では近しい関係にない。しかもカラスの雛は、歩きまわれるようになると成鳥とほとんど大きさが変わらない）。

北米で一般的なムクドリはホシムクドリで、ヨーロッパ、アジア、アフリカに一〇〇種以上いる旧世界産ムクドリ類（ムクドリ、キュウカンチョウ、ウシツツキなど）の仲間だ。ムクドリはどの種も早熟性、陸生、群居性の鳴き鳥で、きらめく玉虫色の羽を持ち、鮮やかな色あいのものも多い――たとえば、コバルト色、深紅色、まばゆい黄色などだ。東アフリカの色彩豊かなムクドリは、世界でも群を抜いて美しい小鳥で、青緑色《ターコイズブルー》と黒色の羽に、輝く金色の目を持っている。そのうちの一羽が、タンザニアのマニャラ湖を望む木陰でピクニック中のわたしから、サンドイッチを盗んでいった。このムクドリははじめはじつに遠慮深く、そばに来て小首を横にかしげ、きらきらした金色の目でこちらをじっと見つめていた。わたしはもう少しで「よかったら、パンの耳をひとかけらいかが？　それか、レタスをちょっぴり囓《かじ》るとか」と声をかけそうになった。ところが、ふいにそいつが飛びかかってきて、見えないくらいすばやくひと口食いちぎったのだ。ホシムクドリは原産地こそ温帯ヨーロッパと西アジアだが、オーストラリア、ニュージーランド、南アフリカ、アルゼンチン、北アメリカに持ちこまれ、かろうじて中南米の一部だけは免れたものの、世界じゅうに広がって、繊細な在来の鳴き鳥の個体数に破壊的なまでの影響をおよぼした。

北アメリカにムクドリが存在するのは、シェイクスピアのせいだという人もいる。一八〇〇年代、フランスでの成功事例をモデルに、〝順化協会〟がアメリカ各地に設立された。おりしも、渡米間もない人たちの多くがつらい時期にあり、ホームシックにかかって、祖国の文化や文学、草花、鳥に飢えていた。この協会の目的は、見たところ恵まれない環境の新世界に〝趣があって役に立つ〟ヨーロッパの種、美しさとさえずりで美的、情緒的な感化を与えてくれる種を導入することだった。

ブロンクス在住の薬剤師だったユージーン・シーフェリンは、変わり者で、イギリスをこよなく愛し、シェイクスピアの熱烈なファンだった。生態学的な犯罪者にして精神異常者だと言う人々もいるが、わたしはもっと穏便な表現を使いたい——たとえば、〝欠陥がある〟とか。シーフェリンはニューヨークのアメリカ順化協会の一員として、シェイクスピアの作品に登場する鳥すべてをセントラルパークへ持ちこむことを、個人的な目標にしていたとされる。愛読書『シェイクスピアの鳥類学』(著者のジェイムズ・E・ハー

＊博物学者のなかには、この説に疑問を呈する人もいると聞いたが、カーメンが申し分ない実験体になってくれた。最初の秋の換羽では、家じゅうにふわふわした羽が落ちていた(鳥一羽の小さな体には、驚くほど多くの羽が重なりあっている——ムクドリの場合は、約三〇〇〇枚)。わたしにとっては、心臓に悪い数週間だった。帰宅するたびに、愛猫のデリラが羽を数枚くわえて出迎えるので、床に血や鳥の内臓が散らばっていやしないかとどきどきしつつ籠に駆け寄るが、カーメンはいつもぶじで楽しげだった。たいていの猫と同じく、デリラもただ羽をもてあそんでいただけなのだ。この換羽期の精神的苦痛を耐えぬいたあと、わたしは星を散りばめたカーメンの新しい胸をほれぼれと眺めた。春が来て、野生の仲間がみんな白い先端を失ったのちも、カーメンの羽はきびしい天候にさらされなかったおかげで、なんら変化がなく、もとのままだった。

ティングが、シェイクスピアの作品中で間接的にでも言及された野鳥を残らず集めた一八七一年の大作）で理論武装し、『ヘンリー四世』のなかでわずか一度だけ触れられたムクドリに狙いを定めた。登場箇所は、運命を決する場面だ。ヘンリー王が反抗的な戦士のホットスパーに捕虜を釈放しろと命じるが、ホットスパーは自分の義弟であるモーティマーを敵から取りもどすために身代金を出してくれるまでは求めに応じないと答える。王は激怒して、モーティマーの名前を口にするのを禁じる。王の退場後、ホットスパーは奇抜な仕返しに思いをめぐらせ、ここにわれらがスターが登場する。

王はモーティマーの身代金を出す気はないと言った、
そしてモーティマーの名を口にすることさえ禁じた、
だがおれは、やつが眠っているところをつかまえて、
その耳に「モーティマー！」とどなりこんでやる。
いや、
それより椋鳥《むくどり》に「モーティマー！」とだけ鳴くよう
芸を仕込み、やつのところに届けさせてやる、
やつめ、四六時ちゅう腹を立てておらねばなるまい。

（小田島雄志訳）

シェイクスピアは野鳥への造詣が深かった――ヒバリ、ナイチンゲール、ズアオアトリがその作品や

十四行詩《ソネット》のあちこちで飛びかい、さえずっている。ハーティングは比類なき著書でそれらを一羽残らず目録に収め、登場するくだりを引用した。じつは、順化協会はそれらの鳥すべてを導入しようとしたのだが、シーフェリンは奇人特有の執拗さで、わずか一度だけ言及されたムクドリに執着した。ヒバリ、ナイチンゲール、ズアオアトリの導入も、ムクドリを定着させようとするシーフェリンの初期の試みも、結果的に、飢え死にした鳥の冷たい亡骸をもたらしただけだった。次のムクドリは失敗に終わらせるものか、とシーフェリンは心に誓った。

一八九〇年、彼は民間の業者に相当な額を支払って（モーティマーの身代金をじゅうぶん満たす額だっただろう）、英国産のムクドリを八〇羽購入し、たぶんもう少し金をはずんでニューヨーク港への長旅のあいだ世話をしてもらい、みずから鳥たちを出迎え、使用人に手伝わせて木箱を運んだ。そして戸惑う鳥たちを、三月の雪模様の日にセントラルパークのまっただなかへ放った。彼の姿が目に浮かぶ――手袋をはめ、不安を抱きつつ、的はずれではあっても正真正銘の愛情と期待に頬を赤らめた姿が。この放野は、彼の思い描いていたとおりではなかったはずだ。鳥たちは寒さと雪にひるみ、葉の落ちたカエデの枝におぼつかなげに止まっていた。シーフェリンが想像していた、いっせいに飛びたつ夢のような情景ではなかった。それでも、しまいには鳥たちも灰色の冬の空へ飛んでいった。北米大陸各地の標本個体の遺伝子を調べた結果、鳥類学者たちは北米の二億羽あまりのムクドリ――わがいとしのカーメンも含む――すべてが、シーフェリンの鳥の子孫であると考えている*（興味深いことに、北米のムクドリは、原産地ヨーロッパのムクドリよりも、遺伝子変異の数が少ない。これは、進化生物学者が〝創始者効果〟と呼ぶものに合致する。導入された生物の数――この事例では、シーフェリンの放った八〇羽――が、もとの個体群の遺伝子変異をすべて含むほど多くなかったのだ)。

これらの鳥はすみやかに、徹底的に広がり、セントラルパークからあらたなムクドリの理想郷《シャングリラ》へ散らばった。彼らは故郷のイギリスで人間の存在や集落に慣れていた。誕生して間もない都市のニューヨークには、露ほども気後れしなかった。セントラルパーク周辺に留まった鳥もいれば、拡大しつつある近郊区域へ向かい、そこで暖かい場所(風雨にさらされない建物や、暖炉の煙突の上)、食べ物(人間の食べ残しや、緑地に住むおいしい地虫や昆虫)、営巣地(建物の水平な出っぱりや配水管が生み出す空洞)、豊かな狩り場(公園や庭の草地)を確保する鳥もいた。その子孫たちは、発展途上のほかの町へ移り、最初は近くを、それからどんどん遠くをめざして国じゅうに広がった。さらに多くの子孫が群れをなして、穀物や果物などの生きる糧が楽に得られる農村地域に移った。

ムクドリは、侵入に成功する外来生物の特徴をことごとく持っている。たくましく、攻撃的で、雑食性、ねぐらを選り好みせず、わずか九カ月で性成熟する。多産で、一回の繁殖期にふた腹、ときにはそれ以上孵し、ひと腹の雛の数も四羽から六羽と多い(渡りの鳴き鳥のほとんどは年にひと腹が一般的だが、温暖な気候に生息する留鳥――コマッグミやアメリカコガラ――は、年にふた腹育てることも多い)。ムクドリは利口で好奇心が強く、ひいては順応性があって、新しい場所を探して移住するのをいとわない。

英語には〝好奇心は猫を殺す〟ということわざがあるが、その埋めあわせに、猫は九つの命を与えられた。だが、厚かましいまでに好奇心旺盛という点では、ムクドリ以上の生き物をまず思いつけない。だから、彼らには九〇〇〇の命があってしかるべきだ。ムクドリと暮らす人間なら、この意味がよくわかるだろう。ニューヨーク在住の管理人が運営する〈ムクドリのおしゃべり（Starling Talk）〉というウェブサイトでは、ムクドリをペットとして飼う人々が集って、雛の飼育、健康や餌の問題、ムクドリが自宅にいるかまびすしい生活全般について語りあっている。ムクドリを飼うにいたった理由の多くは、けがをしたか親を亡くした個体を見つけたものの、野鳥保護センターでは好ましからざる存在なので、自分で世話をしようと決めたことだ。サイトの議論は活発で、少数派グループにありがちだが、部外者には理解しにくいマニア的な話題になることが多い――ムクドリを飼っている者だけが関心を抱くか共感する話題だ。サイトの訪問者たちは、悲しい経験から多くを学んでいる。たとえば、ムクドリを室内に放しているあいだは、飲み物を入れたグラスをカウンターに置きっ放しにしてはいけない。飲もうとして身を乗り出したムクドリがなかにはまって、羽ばたけずに溺れてしまうからだ。トイレの水を流す前には蓋をちゃんと閉めないと、ムクドリは好奇心から渦を追いかけて配水管に流されてしまう。キッチンのディスポーザーを使うさいも要注意。電子レンジを使うときは、何かの拍子にムクドリが忍びこんでいないのを事前に確認すべし。大きな包丁で野菜を切らないように。ムクドリはそのちっちゃな嘴や足の爪でなんでも調べたがる性分な

＊ニューヨーク市でも、ムクドリはアメリカのほかの場所と同じくらい嫌悪されているが、この創世物語にちなんで、ブロンクスにはスターリング〔ムクドリ〕・アベニュー、シーフェリン・アベニュー、シーフェリン・ストリートがあり、噂では、どうやらニューヨーク市でムクドリがいちばん好きなたまり場は、セントラルパークのシェイクスピア・ガーデンらしい。

毎日、カーメンごと掃いてちりとりに入れそうになる。ほうきの通り道のすぐ下で遊ぶのが好きなのだ。（トム・ファートワングラー撮影）

ので、うっかり一緒に切り落とす恐れがあるからだ。そして、足もとに気をつけること――ムクドリは人間の群れにすっかりなじんで、気づいたら足のそばにいて、骨が空洞になった小さな体を誤って踏まれることが多い。ある日のこと、カーメンがどこにもおらず、わたしは一時間ほど探して、やむなく休憩をとった。きっと、どこかで居眠りをしているはずだ、気が済んだら姿を現すだろう、と自分に言い聞かせて。そのうえ、お腹が空いてきた。冷蔵庫の扉を開き、サンドイッチ用のピーナッツバターを出そうとした瞬間、カーメンが卵入れの隣からぱっと飛びだしてきて、わたしの肩に乗った。羽を震わせて冷気を払おうとしているので、シャツの下に入れて温めてやった。かわいそうに。どんなふうに人目を盗んで入りこんだのか想像がつかないが、ちょっぴり凍えたほかは、とくに問題はないようだった。

ムクドリはこうしたみごとな好奇心で世界を探求

し、北米で彼らが避ける生息環境といえば、広大な森林地帯か、乾燥した低木林か、砂漠だけだ。雑食性で、建物を営巣に利用する能力があることから、鳥類学者のポール・ケイブは、この侵入者ほど都会の野生生活にうまく適応できる北米の在来種はいない、カラスでさえかなわない、と述べている。セントラルパークに放野されてからわずか八〇年で、ホシムクドリはこの大陸のいたるところに住みついた。ユージーン・シーフェリンは生きてムクドリ導入の成功をその目で確かめられたとしても、この物語が次の世紀にどう展開するかは予測できなかった。いまとなっては、シーフェリンが誇れる功績が何かあるだろうか。キム・トッドは著書『エデンの園を改悪する（Tinkering with Eden）』で、シーフェリンは敬愛するシェイクスピアをもっとよく読むべきだったのではないか、と示唆している。『ヘンリー四世』の「ムクドリは、ロマンスや詩情をうながす天の恵みではない。怒りをかきたて、卑劣な男を責めたて、争いごとを忘れさせない役割を負った鳥だ」と。たぶん、当のシーフェリンもいまなら、ムクドリがいかにかわいかろうと、雲のごとく空を覆う秋の群れにいかに魅了されていようと、この実験はとんでもない失敗に終わったと悟るはずだ。

致命的な導入後、ムクドリは国じゅうに広がりつつ、行儀の悪い客と化した。認めたくはないが、カーメンもその例外ではない。わたしたちがはじめて数日間カーメンを残して遠出するはめになったとき、どうすればいいのか途方に暮れた。だれかが来て、餌をやり、鳥小屋の下に敷く新聞紙を取り替えてくれるのもひとつの解決策だが、ムクドリは社会性がとても高いので、カーメンが孤独感にさいなまれ、寂しがりやのオウムがやるように毛引きするのではないかと不安だった。わたしの友人のトライリー・タッカーは地質学の教授にして、野鳥観察者、博物学者であり、大がつくほどの猫好きだ（現在は、五匹の飼い猫でよしとしている）。ムクドリ・シッターにうってつけに思えたし、トライリーも快く（というか、無邪気に）承諾してくれた。わたしはカーメンをなだめすかして子猫時代のデリラのキャリーに入れ、前に使用していた車輪つきの籠をスバルの後部座席に積んだ――この籠が、カーメンの客間になる予定だ。トライリーの家に着き、わたしがキャリーをそっと抱えて（モーツァルトが箱に入ったシュタールを小鳥店から自宅へ持ち帰るさまを頭に浮かべながら）、怯えるカーメンをささやき声で励ます間、トライリーとその寛大なパートナーのロブは籠を運んでくれ、狭い階段をそろそろとのぼって、彼女の自宅オフィスに入れた。カーメンはたちまちあらたな環境に慣れ、わたしは胸をなでおろした。遠出から帰ってきたあと、トライリーが報告してくれたところによると、カーメンが泊まり客として籠の外に出されてすぐしでかしたのは、水槽へまっしぐらに飛んでその縁に止まり、オオアオサギもかくやのすばやさで、きらめく青いグッピーをすくい取ったことだ。「あっという間」のできごとだったと、トライリーは感心していた。まばたきする間もなかった。カーメンは取ってはいけないものを取ったのをいつもどおり察知して、獲物をくわえて本棚の上へ、人の手が届かない場所へと飛んだ。そして、トライリーが叫んでなすすべもなく両腕を振りまわすのをよそに、グッピーをのみこんだ。こんな不作法なまねをしたにもかかわらず、カーメンはまた招待され、トライリーはムクドリのばあやという、ありがたくない称号を得た。

カーメンは自分の種の行動様式を忠実になぞったにすぎない。ムクドリは新世界で暴虐のかぎりを尽くしている。大きな群れをなして、農作物――小麦の芽、ヤングコーン、リンゴ、サクランボ、ベリー類

——を食い荒らす。大規模農場の施設を数万羽単位でこそこそとうろついて、ウシやブタの餌桶で宴会し、いちばん栄養価が高い餌をほじくり出して、家畜にはくず餌を残す。コーネル大学の研究者が行なった推計によると、ムクドリは毎年八億ドルもの損害を農業にもたらしている。

渦を巻いて飛ぶマーマレーション（群れ）は、都会の建物や郊外の公園のはずれに螺旋を描いて降りたち、騒音と悪臭と汚物を生み出す。個体群によっては、その糞に、人間やほかの哺乳動物にヒストプラスマ症を起こす真菌が含まれている。たいていは気づかないほど軽い病状だが、たまに呼吸器感染を生じ、重篤な例では肺炎、失明、さらには死にいたる可能性もある。*

一九六〇年、イースタン航空三七五便のロッキードL－一八八（愛称エレクトラ）が、フィラデルフィアほか南部の目的地に向けてボストンのローガン空港を飛び立った。そして離陸の数秒後、二万羽のムクドリの群れと衝突した。数百羽が機械装置に吸いこまれ、四つのエンジンのうちふたつが出力を失って、機体が海へ墜落した。六二名が亡くなった——なかには、靴の販売会議のためボストンを訪れていた人も数名いた。この衝突後、当局がフライトシミュレーターを用い、こうした状況で機体を救える熟練パイロットがいるかどうか実験してみた。全員がしくじった。さらに行なわれた実験で、生きたムクドリが稼働中のエンジンに投げこまれた。結果、わずか三、四羽でも危険な出力低下を招きかねないことが判明した。

＊少なくとも二、三年は糞が蓄積しないかぎり、土壌中の真菌が危険なレベルに達することはないし、ムクドリの糞が関与していると証明されたヒストプラスマ症の事例は一件もないが、可能性があれば不安が生じるわけで、ムクドリ害に関する学術論文でもしばしばこれに言及されている。

三七五便の墜落は、業界と、一九六〇年当時はまだ飛行機の旅に夢を抱いていた国民を揺るがし、現実に目覚めさせた。ムクドリと航空機の衝突件数はかなり多いが、この事故は、実際に墜落や人的な損害がもたらされた数少ない事例のひとつであり、いまなお、鳥類との衝突による墜落としては航空業界史上最悪でありつづけている。この墜落以降、野生生物にどう対処するかが、空港の建設と維持管理の計画に加わった。だが依然として、ムクドリの群れとの衝突や、場合によっては衝突するおそれだけでも、不時着陸や出発便の変更、高額の修繕を余儀なくされることがある。

　人命の喪失は痛ましいが、この墜落はずいぶん前のできごとだ。野鳥観察者のほとんどはこの事件を知らず、それでもやはりムクドリを嫌っている。農作物にもたらされる多額の損失よりも、都市のねぐらの下に蓄積する糞よりも、甲高い声で騒ぎたてる鳥に埋めつくされた木々よりも、生物保全の世界でムクドリが嫌悪される要因となっているのは、食べ物をめぐる争いで在来鳥種をしのぐ能力があることだ。いや、もっとゆゆしきことに、数のかぎられた営巣地も奪い取る。ムクドリは洞《ほら》に営巣し、毎年初春に、ビルや一般住宅にできた隙間、小鳥の巣箱、樹木や電柱にキツツキが穿った穴を吟味しはじめる。そして、これら貴重な場所をめぐって、アメリカコガラ、ルリツグミ、ツバメなど洞に営巣する鳥たちとじかに争う。

　国内各地のムクドリ警ら隊を自認する人々が、みずからの手でことを運んできた。シアトルの野鳥観察者フォーラムでは、ある女性がハバハート社製の箱罠でムクドリを捕まえては溺死させているのを、得意げに報告した。箱のなかで何時間も陽光にさらされて熱射病になるか、恐怖のあまり発作を起こしてその小さな心臓が止まる鳥もいるので、水に浸ける手間が省けるのだと、なんとも嬉しそうに語っている（ハバハート社製の箱罠は、動物を殺さないで捕らえるものなのに、この事例で名前を出されたのは皮肉なことだ）。彼女はさらに、みなさんもわたしを見習いましょうと呼びかけていた。これよりはるかに大きな規模で、農家、政府機関、自然保護団体、破壊や糞や騒音にうんざりさせられた都会の企業が、ムクドリの個体群を駆除するか、せめて縮小させようと、何十年も奮闘してきた。創意に富みつつも失敗した試みを挙げると、精巧な罠、爆発物、プラスチック製のフクロウ、狩り場へのイッチング・パウダー（触れると猛烈にかゆくなる粉）散布、コバルト60の照射、危険を知らせるムクドリの鳴き声の大音量放送、多種多様な毒薬、有毒な化学物質の噴霧、ねぐら周辺での発煙筒の使用、さらには、たまり場に活線を敷設してその小さな足から感電死させる、乾きにくい液体を群れの鳥に吹きかけて凍え死にさせる、などなど。合成塩のＤＲＣ－１３３９は、一九六〇年代にラルストン・ピュリナが〝スターリサイド（殺ムクドリ剤）〟として商標登録したもので、わずか数日間に大量のムクドリを尿毒症で殺す。これは、いまも広く用いられている。二〇一五年の一年間に、アメリカ政府の各機関は一〇〇万羽を超すムクドリを殺戮した――ほかの迷惑種とされるどんな種よりも、殺処分数が多い。[*] 一年間の数字としてはとくに多いわけではなく、この規模で毎年殺しても、ムクドリの個体数は減少しない。おそらく今後もそうだろう。とにかく数が多すぎるし、生殖や生存の能力におそろしく長けているせいで、個体数を減らす試みに効果が得られるとは思えない。

＊ちなみに、同じ二〇一五年に、アメリカ農務省は七三〇匹の猫、五三二一頭のオジロジカ、六万一七〇二頭のコヨーテ、一万六五〇〇羽のミミヒメウを殺処分している。

「指ぬきで海の水をかい出すようなものだ」と、オハイオ州の著名な野生動物保護官、故リチャード・ドルビールは嘆いていた。ただ殺すよりもはるかにむずかしいことではあるが、生態学見地から考えて、ムクドリにはあまり魅力がなく在来鳥種は繁栄できるような環境を、人間の居住地域に創り出す必要があるだろう。

同時に、けっしてムクドリの弁護をするつもりはないが(わたしとて、みんなと同じく、この国から彼らが駆逐されるのを願っている――ただし、自分がカーメンと一緒にいられるのなら)、ムクドリについてあらたに判明したいくつかの事実を考慮に入れることが重要だ。まずは、数十年のあいだに数が急増して飛躍的に広がったとはいえ、ここ三〇年かそこらは安定していること。ほとんどの場所で、ムクドリの数はもはや増えていない。どの種にも環境収容力というものがある――必要な資源を枯渇させることなくその土地で繁栄できる個体数のことだ。どうやら、ムクドリの数はその最大限度に達したらしい。

そのうえ、この種が在来種の野鳥におよぼす影響の少なくとも一部は、現実ではなく感覚的なものと言えそうだ。観察力の鋭い野鳥好きならだれしも、街なかでムクドリが愛らしい小鳥にひどい仕打ちをする場面を見たことがあり、おかげでムクドリに不利な状況証拠はどんどん積みあがっている。彼らは初春に営巣地いちばんの洞をわがものにするだけでなく、ときには、すでに在来種の鳥がいる巣に文字どおり侵入し、嘴を鳴らす音と羽ばたき音で威嚇して先住鳥を追い出し(たまに殺すこともあるが、いつもではない)、卵を壊し、巣を奪い取る。だが、信頼できる調査により、退去させられた鳥の多くは営巣をあきらめず、そのままほかの場所に移ることが判明した。二〇〇二年、カリフォルニア大学バークレー校の研究者たちは、ムクドリが在来鳥種におよぼす影響を実証する一年間の調査を完了した。驚いたことに、定量化が可能な損害はついぞ測定できなかった。この調査では、最もムクドリの脅威にさらされているとされた二七の洞に営巣する種について、ムクドリの導入以前の時代から現在まで史的な記録を検証した。対象となった種は、キツツキ、チョウゲンボウ、ツバメ、タイランチョウ、ルリツグミなどだ。結果として、これらの多くは、個体数がまったく減っていなかった。ムクドリによる巣の強奪が長らく観察、記録されてきたせいで最も懸念されていた種、シマセゲラもそのうちのひとつだ。二七種のうち五種はいちじるしく数が減り、べつの五種はかえって増加していたが、これらの変化はどれも、ムクドリの存在にじかに結びつくとは言いがたかった。

主執筆者であり、現在はコーネル大学にいるウォルター・ケーニグに、この調査結果についてどう考えているか尋ねてみた。自然保護の世界では、ムクドリを嫌うことは疑う余地のない――もっと言うなら、かけがえのない――権利と信じられているので、この調査結果が支持されないことを彼も知っているはずだ。「この結果に必ずしも驚いたわけではありません」と彼は答えた。「ただ、やや困惑はしています」ケーニグ博士は現在、ドングリキツツキの調査をしており、その調査地で唯一の巣をムクドリがちょくちょく強奪している。この鳥の容疑を晴らすことなど、だれよりもやりたくない人物だ。それでも、研究対象のキツツキの総数が影響を受けているとは主張できないという。「結論を言うなら、ムクドリがきわめて攻撃的な鳥で、多数の在来種と巣の洞をめぐって争っているのは確かです。しかし、この争いが個体数の著しい減少に結びついた可能性は、どうがんばっても、きわめて小さいと言わざるをえないでしょうね」とはいえ、たいていの鳥類学者と同じく、ムクドリに対する感情をやわらげるつもりはない。「彼らに対する考えが変わったとは、口が裂けても言えません。いまでも、機会があればためらいなく撃ち殺しますよ」

一九三九年、当時まだ有名ではなかったレイチェル・カーソンが、「ムクドリに市民権を与えてはどうか」というタイトルのエッセイを綴った。この鳥を侵入者とみなすのではなく、自然の鳥類相の一般的な種として受け入れ、〝侵入種〟や〝外来種〟と呼ぶのはやめよう、と主張するものだ。結局のところ、この鳥はもうここに存在し、自活して、農業の脅威となるネキリムシをむさぼり食っている（ナチュラリストのジョージ・レイコックが述べたとおり、「ムクドリは何をやるにしてもほどほどということがない」）。カーソンのこの見解は、現代の環境保護主義者のなかでも、侵入種の一部について考えを改めつつある人々の姿勢に反映されている。ムクドリをはじめ、どうやっても根絶できない侵入種は数多くいる。そうした種にやきもきして時間と労力を費やすのではなく、変わりゆく現代の風景の一環として彼らを受け入れ、ほかの、自分たちが現実になんとかできそうな問題に着手しよう、という考えかただ。

ケーニグの調査結果はどうあれ、そうした考えは危険なひとりよがりになりかねない、とわたしは思う。たしかに、ムクドリは都会の風景の変わらぬ要素だし、個々の鳥を傷つけることは断じて支持できない（近い将来に猟銃を手にとるつもりはない）。だが、ケーニグと同様、この外来種から固有の生息環境を守るのをあきらめる気にもなれない。ひとつには、ケーニグの調査はすぐれているが、決定的なものではないからだ。ケーニグ本人が認めているように、用いた史料は一貫して集められていない可能性があり、もし調査を続けたなら、人間の増加で固有の生息環境が喪失したことだけでなく、ムクドリとの競争も、一部の種に――洞に営巣する種だけでなく、ムクドリの数が多い地域で餌をとる穏和な鳴き鳥にも――負の影響をおよぼしている事実が判明するかもしれない。当然ながら、ムクドリがもたらすほかの影響は、農業に対する大小さまざまなものも含めて、どれも疑問の余地がない。とはいえ、自然保護の観点から押さえておくべき最も重要な論点は、ムクドリが、人口の密集した都市など、人間の存在によって乱されている地域――もっと繊細な種だったら、とうてい長くは生き延びられない場所――で繁栄していることだ。さしあたり、巣をムクドリに強奪された鳥のうち、一部はほかの場所へ移ったと思われる。だが、人間の住宅が広がりつづけると、望ましい生息環境がどんどん狭まり、いずれは消滅するかもしれない。これらの鳥が移動できる〝ほかの場所〟がまるきり失われたら、いったいどうなるだろう。わたしたちはやむなしと肩をすくめ、ムクドリをはじめ、たくましい数種しか繁栄できない世界をこしらえてしまった事実を受け入れるのか。

　ことムクドリに関して言えば、わたしたちはその個体数を最小限に抑える責任をみんなで分かちあえる。たとえば、自宅の配管や巣になりそうなほかの隙間を塞ぐとか、キツツキやツバメ、ルリツグミにはちょうどいいがムクドリには小さすぎる穴をあけて巣箱を設置するとか、ムクドリの卵や巣を見かけたら撤去するとか。だが、わたしたちの責務は、ムクドリをただ取りのぞくだけではない。より多くの在来鳥種が住みやすい人間の住環境を設計する必要がある。つまり草地を減らして、樹木を増やすこと。大小の森林公園や森林地をこしらえて保護するよう、ロビイ活動をするべきだ。

　樹木の有無についての近年の研究で、相関するふたつの喜ばしい事実が示されている。都会の住宅地にたとえ数本でも樹木があれば、鳥類種の多様性が増すことと、樹木の近くに住む人はそうでない人より――精神、肉体ともに――健康であることだ。木が植えられた環境は、鳥にも人間にも恩恵をもたらす。ムクドリだけでなく、在来鳥種の一部（コマツグミ、ハシボソキツツキ、そしてもちろん、カラス）も、郊外の広大な草地の環境でうまく生きられるように見える。だが、木が生えた庭は――それが、どんな木であれ――より多種多様な在来鳥種を、魔法のように惹きつける。ミソサザイ、アメリカコガラ、フウキンチョウ、モリツグミ、いろいろなキツツキ。わたしたちみんなで日常生活の場を再野生化し、どんなに規模が小さかろうと、美観と樹林と野生を増やしていくのは、ごく簡単にできることなのだ。

一九三九年、レイチェル・カーソンがムクドリを受け入れてはどうかと提案するエッセイを書いたとき、その個体数はいまよりはるかに少なかった。それから数十年のあいだに個体数も影響も増大した現実を考えると、生態学者の先駆けで大の鳥好きだったカーソンが、この見解をずっと持ちつづけていたとは考えにくい（そのうえ、住宅地のムクドリはたしかに庭に恩恵をもたらすだろうが、農業地域では、ネキリムシをいかにたくさん食べていようと、もたらす利益より損害のほうが大きい）。とはいえ、国内一嫌われものの鳥を擁護する声が、国内でもとくに敬愛されているネイチャーライターにして自然保護主義者から寄せられたことは、じつに示唆に富む事実だ。

カーソンならきっと、喜んでカーメンに会ってくれただろう――個々の野生生物との触れあいをいつも楽しんでいたし、鳥をこよなく愛していたのだから。カーメンが彼女の肩にちょこんと乗って、薄青色のカシミヤのセーターに糞をし、いかにも一九五〇年代的なクリップ式イヤリングをつついたら、めろめろになったはずだ。彼女は野生のムクドリにも心惹かれ、野外観察ノートにその形態や行動、独特の採食行動について綿密なメモやスケッチを残している。

ムクドリを観察した人はだれでもそうだが、カーソンも野生の個体が餌集めに精を出していることを知っていた。地虫や青虫を食べる鳥の多くは、目で探すか、閉じた嘴で地面をつついて栄養豊富なごちそうを見つけ出す。ところがムクドリは、嘴を地面に突き刺し、きわめて強力な外転筋——嘴を開く筋肉——を用いて土をほじくりながら獲物の虫を探す。ムクドリが芝生や公園のどこで食事を堪能したのか知りたかったら、穿たれた穴を探せばいい。ムクドリの体はこの目的に沿うように作られている——折れ曲がった強力な脚は、地面に近い姿勢を保ち、梃子《てこ》の役割を果たすし、もちろん、あの特徴的なよちよち歩きのもとにもなっている。

こうした独特の習性も、ムクドリが人間の居住地を占拠できる理由のひとつだ。わたしたち人間は、どこであれ移住する先々に草地——広大な都市公園、郊外の芝地、ゴルフコース、墓地——を広げるが、草地はムクドリの穴掘りに理想的な場所なのだ。だが、わたしはカーメンと暮らしてみて、穴をあけるこの特徴的な行為は、食事だけでなく、学習のしかたにも関係があることを発見した*。大半の鳥は、嘴でつついて世界を探究する。かたやムクドリは、穴をあけて情報を集める。何か新しいもの、興味深いものに遭遇すると、食べ物ではないことが明らかでも、カーメンはただ嘴でつつきはしない——こじあけようとする。閉じた嘴を調べたい場所にあてて、すばやくぱっくりと嘴を開くのだ、繰り返し何度も。

生後わずか五週でカーメンがこの習性を示しはじめると、わたしは近隣のムクドリの幼鳥で、週数がカーメンと同じくらいの鳥を以前より注意深く観察した。その結果、まだ自分で餌を取れなくても、成鳥の採食行動を用いて世界を探究していることがわかった。さらに興味深いのは、成鳥もやはりこれを行なうことだ――食糧源とは思えない物体を、〝嘴をあててこじあけて〟調べる。なんと見物な光景だろう。けさ、カーメンは鳥小屋から出てわたしの腕に止まるなり、袖口の折り返しを調べはじめ、折り目や皺を残らず開いたあとで、わたしの指のあいだに移動し、一本ずつ開きだした。わたしはわざと拳をぎゅっと握り、怒らせて暇つぶしを与えてやるのが好きだ。カーメンは首のまわりの羽を逆立て、腹立たしげに鳴きながら、拳をこじあける。こんなふうに、ちょっと意地悪するのは楽しい。平らな紙にも、敷物にも、髪の毛の房にも――それこそ何から何まで――穴をあけようとするのだから[**]。

　この手で巣からムクドリを誘拐した以上、たとえ大きな目で見て好ましからざる存在であろうと、この子には可能なかぎりいい生活を与えてやるべきだと思っている。嘴で物をこじあけて世界を調べる機会は、どうやらムクドリの社会的知性のあらゆる要素――好奇心、他者とのかかわり、探究心、遊び心、いたずら心――を保つ鍵のようだ。ムクドリとしての能力を鋭敏に保つために、わたしは一日じゅう、こじあける機会をふんだんに提供する。たとえば、カーメンが大好きなアップルソースを小皿に入れて、アルミホイルで蓋をしておく。問題は、人間がそばにいるとき、ムクドリは単独でおもちゃ遊びをしたり、何かを食べたりしないことだ――人間と一緒に、遊んだり食べたりしたがる。だから、わたしはアップルソースを手に持ち、その親指にカーメンが跳び乗って、アルミホイルに穴をあけるか端を持ちあげるかして、おいしい果物を手に入れようとする。すかさず皿を覆うと、むっとしたような鳴き声をたててから、同じことを繰り返す。あるいは、拳にブドウをひと粒隠し、閉じた指の隙間から見つけさせる。うまく見つけると、カーメンは果実をつつくのではなく、小果柄がついていたてっぺんの穴をこじあけて中身を食べる。また、こじあけられるおもちゃを与えることもある——折り鶴、スポンジ、カタツムリの殻など。鳥小屋の床に新聞紙を何枚も敷き詰め、それをめくって探検できるようにしてやると、カーメンは折り目を開き、小さなテントをこしらえ、ときにはその下にもぐりこんで、わたしをおおいに心配させる——〝どこへ行ったのかしら?〟わたしが「カーメン」と呼ぶと、やんちゃな仔犬よろしく、端から顔をのぞかせるのだ。

＊動物行動学者のコンラート・ローレンツもムクドリを飼っていて、この嘴の動きを〝あくび(yawning)〟と呼んだ。わたしはむしろ、(雛が餌をねだる行為と混同される危険を覚悟で言うが)〝口をぱっくりと開く(gaping)〟と表現したい。考えてみれば、あくびも同じくらいまぎらわしい表現だ。この方法であちこち探究するとき、当のムクドリは眠くないのだから。

＊＊採食行動を用いて世界を調べ、学習するという点で、カーメンは人間も含めた多くの生物と変わりがないことに、わたしは気づいた。人間の赤ん坊は物を口に入れる。クマの赤ちゃんも同じだ。オウムは舌を用いて学習する(ハトとちがって、カードに記された斑点を目で見て数えることはできないが、浮き出した斑点をその独特の大きな舌で調べて、数を数える)。わたしたち霊長類のおとなも、ひっくり返したり、目で見て調べたり、匂いを嗅いだりと、いまにも口にぽんと放りこみそうなやりかたで新しい物体と近づきになる。だが、わたしたちのこうした行動の一部は、ごく最近になって失われたかもしれない。なにしろ、遭遇するものの多くが、平らな画面からもたらされるのだから——見える画像はちがえど、手触り、匂い、重さはいつも同じだ。

嘴でこじあけてアップルソースを手に入れようとするカーメン。（トム・ファートワングラー撮影）

わたしは、この風変わりでかわいくて利口な鳥を友人に紹介するのが好きだ。自分のときもそうだったように、さまざまな生命のありのままの美と知性について、先入観を捨て去ったときにしか得られない認識をもたらしてくれるのだから。「ムクドリは嫌いなんだけど」と、来客のひとりが言う。わたしはカーメンを鳥小屋から出す。あの子はきらめく羽をまとって、わたしの指にちょこんと止まり、かわいらしく小首をかしげる。そこで、わたしは客に尋ねる。「このムクドリも嫌い？」

いっぽうで、わたしはモーツァルトに思いを馳せる。どこかほかの土地にムクドリが意図的に導入される一〇〇年以上も前の時代、人間と自然の関係は哲学的、文学的思考の対象だったが、動物の生態が学問の対象になるなど思いもよらなかった時代に、彼は生きていた。ムクドリが在来種で、ひいては神意による自然界の一部として尊重されている土地、その美しさが愛でられ、声が鑑賞されている土地に、彼は暮らしていた。今日でも、ヨーロッパではムクドリが大切にされている。農地が失われたせいで個体数が減ってきたからだ。イギリスほかヨーロッパの一部では、種の繁栄が危惧されるまでに減っている――公式に、絶滅が懸念される種に認定されている。モーツァルトとシュタールの関係も、遊びに来た友人たちとシュタールとの関係も、この種につきまとう嫌悪の雲で翳ってはいなかった。

わたしたちの住む場所はムクドリに対する考えかたが複雑ではあるが、両者が対等な場所でもある。カーメンとその仲間たちは、わたしたち人間の創造的知性の特徴である詩的な不協和音と多層的な思考を体験させてくれる。ムクドリはきらめく羽を持ちながら平凡で、嫌われもので、愛らしく、集団では破壊的なのに個々ではじつに魅力的。たとえ、ある種が生態学的に望ましくなかろうと、その種に属する個体はただの鳥なのだと、わたしたちはわかっている。彼らなりに美しく、思考力があり、知的。そして無垢。わたしはムクドリに去ってほしいのか？ 北米の大地から消滅させたいのか？ イエスと、きっぱり言える。攻撃的な侵入種として彼らに怒りを覚えるか？ もちろん。では、彼らを愛しているのか？ その聡明な頭脳、まばゆい美しさ、独特の意識、騒々しいムクドリの声を？ ある角度から見れば褐色で、別の角度から見ればきらめく羽を？ イエス、イエス、わたしは愛している。

詩人のポール・エリュアールは「あの世はある、ただし、この世のなかに」と書いている。[*] この世は、刺激のない忘却が特徴で、わたしたちのそばにいつも存在する簡素で奥ゆかしい美に心を開くことを許されない。かたやあの世、つまり異世界は、注意深さと生気と愛情にあふれているのが特徴だ。驚いて感動した状態（wonder）とも言えるが、これは一般的には受動的な現象とされている――何かすばらしい（wondrous）ものを前にしたときの、圧倒されるような気持ちの発露、感情である、と。だが、この単語のもとになる古英語の〝wundrian〟はきわめて動的で、〝自分の驚きに心を動かされる〟という意味だ。わたしたちは日常生活の一瞬、一瞬において、活気あふれるほうの世界の存在に心を動かされるか否かを決断する。当然ながら、詩人のクラリッサ・ピンコラ・エステスが〝支配的文化〟と呼ぶものにはなんら感化されない。驚きは、標準化された文化的価値観では――総量や統計で表せる基準、いや、ことばで表せる基準でさえも――評価しえない。驚きへの感受性は、経済的な生産性も市場性も持たず、定量化できない。得られる恩恵のほうも、そうした算定の範疇を超えている。だが、この感受性があるから、わたしたちは何かに心惹かれるのであり、この感受性とともに独創性、創造性、魂の訴え、喜び、芸術がある。モーツァルトは一羽のありふれた鳥の存在に創造的刺激を見出した。わたしたちの場合も、あえて探そうとは思わなかった場所から〝世界の歌〟が聞こえてくることが多いのだ。

＊シャーマン・アレクシーはその著作『はみだしインディアンのホントにホントの物語』の題辞としてこの引用を選び、W・B・イェーツのものだとしている。同じ認識を抱く人は多いが、もともとはフランスのシュルレアリスト、ポール・エリュアールのことばのようだ。

第四章　ムクドリのおしゃべり

ひぇぇぇぃいいぃい。カーメンの最初のことばは、不安定ではっきりしなかった。それでも、ことばに聞こえた。この子、いま〝ハーイ〟って言わなかった？　どうだろう？　トムとわたしは顔を見あわせた。ふたりとも、この気まぐれなさえずりを、生後四カ月のムクドリの雛が意図的に生み出した人間っぽい音だと、先に認めたくはなかった。ところが、カーメンがまたしゃべったのだ、晴れ渡った八月の空のように、くっきり、はっきりと。ハァアィィィ。ハーイ。ハーイ。トムとわたしは手を取りあって跳びはねた。「ハーイ」とさえずり返す。「ハーイ、カーメン！」わたしたちの赤ちゃんが、最初のことばを発したのだ！カーメンの鳥小屋へ駆け寄って、なかをのぞいた。「ハーイ、カーメン！」あの子がわたしたちに会いに出てきて、耳を澄ますかのように首をかしげ、それから——のちに、おしゃべりをさせようとするたびに、やるとおり——完全に黙りこくった。ところが、わたしたちがキッチンに戻ったとたん、ハァアィィィ！わたしたちはふり返った。あの子はからかっているのかしら？　たぶん、ちがうはず。新しい表現法をただ楽しんでいるだけだ。これはやがて、わたしたちのだれもが思いもよらなかったほど、わが家の生活に不可欠な要素となった。

現代のアメリカ人の多くは、ムクドリがおしゃべりをする、つまり環境音や、ほかの鳥の鳴き声、音楽、人間の声を模倣する能力があると言われると、驚く。じつはこの能力に関して、ムクドリはカラスをしのぎ、オウム科の鳥に肩を並べるのだ。べつの時代のほかの場所では、ムクドリが音声模倣をする事実は常識だった。シェイクスピアは十六世紀の、すなわちモーツァルトより一七〇年ほど前の観客が、例の『ヘンリー四世』のせりふを理解できるものと考えていた——ムクドリをセントラルパークへ導入することをユージーン・シーフェリンに思いつかせた、あの「椋鳥《むくどり》に……とだけ鳴くよう芸を仕込み」のせりふを。シェイクスピアの観客の大半は貴族階級ではなく、とくに文学好きでもないし、教育を受けてすらいないが、もし、ムクドリがことばを話せることを彼らが知らなかったら、このくだりは意味をなさなかっただろう。この知識は、じつはもっと古くから存在する。一世紀に、ローマの著述家にして軍人、そして自然哲学者でもある大プリニウスは、研究のためにみずからムクドリを飼ったうえで、ユリウス・カエサルほか初期の政治家もやはりムクドリを飼って「ギリシア語やラテン語を話す」よう教えたのだと述べている。また、ムクドリにとっては不幸なことに、十六世紀のイギリスでは、六ペンス銀貨で舌に切込みを入れたらもっとうまくことばを覚えると信じられていた。

カーメンは最初の人間のことばを口にしたわけだが、〝ハーイ〟のすぐあとで、音声模倣はこれが最初ではなかったことに、わたしたちは気がついた。その二週間ほど前に、奇妙な音、以前はあの子が出しておらず、せっせと磨きをかけていたムクドリ生来の甲高い口笛音やにぎやかな鳴き声でもない音を出していたのだ。すばやく上下する、イーーオーーイーーオーーイーーオーという音を、三、四回ほど、たてつづけに。わたしの耳には、なんとなくキノドアメリカムシクイのさえずりに聞こえたが、カーメンはこれを一度も聞いたことがないはずだ。ハーイから数日経った夜、グラスにシャルドネを一杯注ぎ、〈バキュバン〉（ワインボトルからゴム栓を通して余分な空気を抜くプラスチック製ポンプ）を使ったとき、それが聞こえてきた。イーーオーーイーーオーーイーーオー！　わたしは口をぽかんとあけて立ちつくし、ようやくわれに返ったところで、「トム！　トム、トム、トム！」と叫んだ。夫が駆け寄ってきた。「聞いて！」そして、わたしがポンプを手にした瞬間、カーメンが音に加わった——バキュバンとムクドリ、ほとんど区別がつかない。この一件はわたしの威信をいくらか傷つけた。なにしろ、わが愛するムクドリが最初にまねた反復的な環境音は、ボトルと格闘する音だったのだから。

　その後数カ月のあいだに、カーメンの語彙はみるみる増えた。最初のハーイという挨拶のほかは、なるべくカーメンに特定の単語を教えず、家族との生活を通しておしゃべりを発達させるよう心がけた。いつも変わらぬお気に入りは、〝ハーイ、カーメン〟〝ハーイ、ハニー〟〝ここへおいで《カムヒア》！〟——わたしたちが毎日鳥小屋の前を通りかかったときや、出入り口をあけて肩に飛んでくるよう呼びかけるときに口にする、短いフレーズだ。人間が動物を呼ぶときに使う、キスに似た音を出すのもうまい——わたしたちがあの子に対してやるとおり、三回連続で。たまに、あまり気が乗らないときは、人間のことばをまねてはいるが甲高いムクドリらしい音になる。逆に、羽をまとった小さな人間としか思えない音を出すときもある。

　いっぽうで、家庭音のレパートリーも着々と増やしていった。ワインの空気抜きのあとは、コーヒー豆を挽く音。それから、電子レンジのビープ音——高さも完璧。これらの音を、〝キスして《ミー》〟、〝ここへおいで〟、〝ハーイ、ハニー〟などとつなげて、とりとめのない歌をひとしきり歌う。あるいは、個々の音を一度にひとつずつ、無作為に出すことも多い。というか、最初はそう思えた。ずいぶん経ってから——われながら鈍すぎると思うが——べつの事実、驚くべきすばらしい事実に気がついた。

　カーメンがコーヒーミルの音——不快で騒がしくも正確な〝うぃぃぃぃん！〟——をまねるのは、わたしが容器をあけてコーヒー豆を機械に投入したときなのだ、と。毎晩、わたしはキッチンへ行き、翌朝飲むために豆を挽く。そこに真剣そのもののカーメンがいて、まずは容器の蓋をカウンターの上に置く〝カッタン〟、それから、〝うぃぃぃぃん！〟わたしが電子レンジの扉をあけると、すぐさま合いの手——不気味なほど機械的な〝ピー！　ピーｰピー！〟——を入れる。ならば、ワインの空気抜きの音は？　ボトルがかちんと鳴るのを聞いたときだ。

　こういった事例から、家庭音と同じく、ことばの模倣も無作為ではないことに気がついた。朝、わたしが階下におりてまず耳にするのは、電子レンジやキスの音ではなく、挨拶の〝ハーイ、カーメン、ハーイ、カーメン、ハーイ、カーメン〟——毎日、あの子に最初にかけることばだ。では、わたしが足を止めて鳥小屋をのぞいたら？〝ここへおいで〟どれも会話に参加する意思を持って、先を予想し、周囲の世界で聴覚的に何が起こっていて、何のあとに何が来るのかを認識したうえで発している。要するに、あの子は〝何が起きているのか知ってるわよ！　あたしもその一部なの！〟と告げているわけだ。わたしの心は驚きでいっぱいになった。さらには、さまざまな問いで。

　メレディス・ウエストはインディアナ大学の民族学の名誉教授で、一九九〇年に『サイエンティフィック・アメリカン』誌に掲載された象徴的な論文の主執筆者となっている。この論文は、モーツァルトのムクドリの話と、それに関係するペットのムクドリの能力について研究したものだ。ウエストのこの論文のおかげで、わたしはモーツァルトのペットの逸話がたしかに事実に基づいていると確認できたし、英語が母語の読者はこの件に関してモーツァルトの支出簿に記された詳細を知ることができる。彼女はまた、自宅でムクドリを飼い、モーツァルトがこんな鳥をなぜ愛したのか理解しようとした。だがウエストの研究の核心は、じつはムクドリの発声の聴覚的な複雑さと、ムクドリと人間のあいだでどういった意思の疎通が可能かという点だ。ウエストによると、わたしたちとカーメンが行なう声の交流は典型的だという。ウエストはこれを一種の社会的ソナー、反響定位と考える。ムクドリは音を出してみて、何が返ってくるのか確かめているのだ、と。コウモリの場合、反響定位で得られるのは餌の蚊だが、ムクドリの場合はどうやら、帰属感による安堵らしい。カーメンがことばや音声で参加するのは、周囲の状況における自分の居場所を——物理的だけでなく社会的な居場所も——定めたいがゆえだ。周囲の世界からの反応は、この子にとって不可欠になっている。

一九八三年、メレディス・ウエストとその研究仲間は、ムクドリの音声模倣にかかわる先駆的な研究をした。七羽のムクドリが、まさにカーメンと同じく、生後五日の雛のときに捕獲された。四羽は雌で、三羽が雄だ。ウエストの雛鳥はどれも生後三〇日まで研究室で人工飼育され、その後は三つのグループに分けられた。どのグループも人間の世話係がいる家庭で暮らしたが、環境はちがっていた。雄と雌一羽ずつが、カーメンと同じく、つねに人間と接しながら育てられ、家族の一員として扱われた。たびたび放鳥されて自由に飛びまわり、手で餌を与えられ、みんなの会話に加わった。よく歌いかけられ、口笛も聞かされた。特定のことばや歌は教えられず、当のムクドリが自発的にやるのでなければ、どんな音も模倣させられることがなかった。ただし、毎日二回、人間のことばと歌の録音テープが流された。べつの雄と雌一羽ずつは、餌を与えて鳥籠を清潔に保つために必要な最低限の接触以外は、人間との交流がない家庭にあずけられた。

最後の三羽は、最初の二羽、つまり家族の一員として暮らす鳥と同じ家庭にあずけられ、スクリーンを張ったベランダで暮らした。これらスクリーンで仕切られた鳥には、屋内の鳥が耳にする音——人間の声、歌、掃除機や録音テープの音——はすべて聞こえるが、家の人間が近づいたり、個々の鳥として話しかけたり、手で触れたりすることはなかった。

研究の結果、人間と暮らすムクドリが家族の会話にしきりに加わろうとするのは、カーメンにかぎった話ではないことがわかった。ウエストの実験によると、七羽の鳥すべてが自然の音、周囲の機械音、鳥の声を模倣した。だが人間と密に交流した鳥だけが、人間のことばや声をまねたし、世話係の人間が行なう文脈に応じて環境音を模倣した。ウエストらムクドリの飼育者は、鳥がつねに待ちかまえていて、さまざまな音をすかさず模倣してみせたと報告している。とくに多かったのは、挨拶（ハーイ、おはよう、やあ、おやすみ、籠に入りなさい）、属性（おばかさん、かわいい子、やんちゃ坊主、とんでもない子ね！）、会話の一部（何してるの、いいよ、たぶんね、もしもしミセス・ストラザーズです）、家庭の日常音（猫の鳴き声、犬の吠え声、ドアがきしむ音、鍵がガチャガチャ鳴る音、皿がぶつかる音）などだ。ムクドリと暮らす人の多くは、物まねされるまで気づかなかった自分の癖を強く意識しはじめたと報告している。ため息をつく、咳払いをする、鼻をすする、舌を鳴らす、風変わりな笑い声を出す。メレディス・ウエストの知的な家庭に住むムクドリは、この教授の肩に止まって〝基本調査、事実である、おそらくそうだと思われる〟とつぶやき、だれかほかの人間が部屋に入ってくると、〝質問があります！〟と告げた。ここから示唆されるのは、ムクドリの模倣には複雑かつ豊かな社会的側面があること――ほかのムクドリだろうが、人間だろうが、とくに関係の深い相手と聴覚的なつながりを持つのは、ムクドリにとって有益かつ貴重である、ということだ。

ウエストら研究チームはまた、家族の一員として育てられた鳥は、意味がわかることばかどうかはべつとして、人間のせりふの抑揚をまねることを発見した――人間の赤ん坊はちゃんとしたことばを話す前にそれらしい音を出しはじめるが、まさにその鳥版と言える。カーメンもしじゅうこれをやる。野生のムクドリっぽく何やらまくしたてて、甲高い口笛音を出したり、ぎゃーぎゃーと騒々しい音を立てたりしているところへ、わたしがじっと見つめて「何を大騒ぎしているの？」と尋ねる。するとムクドリ語をやめて、小首をかしげ、完璧なアメリカ英語の抑揚で〝あら、なんでもないの。ねえ、そのコンロのスープ、おいしそうね。煮こむあいだ、わたしを外に出して、一緒にバックギャモンをしましょう〟と言う。もちろん、正確な単語を口にしているのではなく、抑揚や語調がわたしそっくりなだけだ。人間がフランス語や中国語など、じつは話せない言語を物まねするときと同じで、たとえ単語が意味不明でもそれが何語であるかは容易に想像がつく。ホリデーシーズン中、うちの家族はしじゅう「カーメンが〝メリー・クリスマス！〟って言ったよ。この耳で聞いたんだから！」と報告してくれた。実際は言っていないのだが、そう聞こえるのだ。カーメンはただ、家族が話す英語を赤ちゃんことばでまねたにすぎない（ついでながら、忠告をひとつ。一年じゅう聞かされたくなかったら、ムクドリに〝メリー・クリスマス〟を覚えさせてはいけない）。ところが、人間の会話は聞こえるが親密な接触なしに飼育された鳥は、こういう反応をしない。カーメンの発声は関係性を示すもので、一種の会話と言える。わたしたちの仲間入りをする彼女なりのやりかたなのだ。

実のところ、雨降りの暗い夜に、リビングにひとりきりで、本を片手に暖炉のそばに丸まっているとき、隣の部屋から完璧な抑揚の小声で〝ここへおいで〟と呼ばれると、ぎょっとする。なんとも期待に満ちた声なので、わたしは思わず立ちあがってそばに行く。「ほら、来たわよ」カーメンが手前の止まり木にぴょんと出てきて、金網に顔をすり寄せ、わたしたちは触れあう。鼻と嘴で。「おやすみ」わたしはそう言い聞かせると、電気をすべて消す。*

これらの研究から、わたしはモーツァルトとシュタールの聴覚的な関係に思いを馳せる。モーツァルトの時代には、さえずりの美しい鳥を飼って調教することが、ヨーロッパの中・上流階級、貴族階級、さらには王族のあいだでも一般的になっていた。一七〇〇年代のはじめ、パリの〝森の管理人〟ことエルヴュー・ド・シャントルーは、ふたつめの職名を持っていた。その名も〝王女のカナリアの守り人〟だ。需要がとくに高い鳥種は、声が軽やかなカナリア、ウソ、ムネアカヒワ、東インドのナイチンゲール、ム

＊できることなら、外に出して一緒に読書したいところだが、鳥の多くと同じく、カーメンは太陽が沈むと混乱して挙動がおかしくなる。セキセイインコをはじめペットの鳥を飼っている人は、これに思いあたるふしがあるだろう。戸外が暗くなったあとで鳥小屋の外にいると、カーメンは方向感覚を失い、日中ならたやすくよけられる壁や窓にぶつかるし、ちょっとしたことに驚く。だから太陽が沈むまでに、安全な鳥小屋にしっかり閉じこめるようにしている。

クドリなどで、このうち東インドのナイチンゲールだけが——じつは、美しい声と広い音域と物まね能力を持つキュウカンチョウの一種なのだが——この地域の在来種ではなかった。

フラジオレットと呼ばれる八穴の小型の縦笛が、趣味として鳥のさえずりを調教する人々のあいだで人気を博していた。モーツァルトもきっと、この流行を知っていたはずだが、良質の楽器を山ほど持つプロの作曲家が、こうしたはやりの笛を購入したとは思えない。一七一七年に、ロンドンで『小鳥愛好者の喜び（The Bird Fancyer's Delight）』というタイトルの薄い楽譜集が出版された。一一の鳥種のためにそれぞれ二、三曲ずつ、「各鳥の音域と能力にふさわしく作曲された」曲が収められ、うちムクドリの曲は三曲だった。

これらムクドリ向けの曲は、どう考えてもムクドリらしくなく、ト長調またはヘ長調で書かれ、かわいらしいが予想のつく展開で、ムクドリが好む飛躍がない。わたしはいくつかの楽器——ヴァイオリン、ピアノ、ハープ——でカーメンに演奏してやり、娘にも、カーメンの大好きなチェロで演奏するよう頼んだ。カーメンはたしかに、音楽を聴かせたときにいつもやるしぐさをする。つまり熱心に、物珍しそうに耳を傾ける。彼女はふだんから聴き上手だ。お気に入りの曲がステレオから流れたり、家の楽器で生演奏されたりすると、それに合わせてじつに生き生きと歌う。だが、これらの曲については、おつきあい程度にところどころ小さくさえずり、たまに気のない口笛音を出して羽を膨らませるだけ。感銘を受けたようすはない。

この『小鳥愛好者の喜び』が出版された当時、ムクドリを調教しようとした人が、もっとうまくやれたとは思えない。だが、ウソはこの曲にうってつけの生徒で、すんなり覚えることがわかった。ウソは丸っこいきれいな小鳥で、めずらしい柿色の胸を引き立たせる真っ黒な頭と灰色の背中を持つ。ドイツでは、群れごと捕獲され、見世物や売り物にするために歌を覚えさせられた。プロの小鳥調教師がよく用いた手法は、たいてい餌を与えずに若鳥を完全な静寂と闇の空間に閉じこめて、教える旋律だけに集中させる、というものだ。熱した金釘で失明させる調教師もいた。〝拷問による音楽〟と、作曲家のデイヴィッド・ローゼンバーグがその名著『なぜ鳥は歌うのか（Why Birds Sing）』で呼んだ手法が、才能に恵まれたウソでは成功することが多かった。ウィリアム・クーパーの一七八八年の詩「ミセス・スロックモートンのウソの死」がこれを実証している。

そして生まれつき無口であるか
口笛の音しか授かっていないのに、
しっかり調教されて
フラジオレットやフルートのあらゆる音を出せる。

この虐待を生き延びて上手に歌う鳥は、高値で売れた。かたやシュタールは、モチーフの断片をまねたものの値段はわずか数十クロイツァーだったので、音楽的に二流とみなされていたのだろう。少なくとも、当初は。

歌わせるために飼われていた一般的な鳥のうち、ムクドリとキュウカンチョウだけが本物の模倣者だ。このちがいは大きい。鳴き鳥のほとんどは、その種に固有の歌を生まれつき覚えられる。ふつうは雄が、たいてい繁殖期に歌う歌だ。こうした春の歌は繁殖の準備ができたという宣言で、生き生きとした力強い歌が繁殖相手を惹きつけ、営巣の縄張りを誇示して守る。盛りの季節に、野鳥観察が得意な人と森を散歩したら、高い茂みに隠れて歌う鳥の種類を声だけで判別して教えてくれるはずだ。スズメ目の多くは、自分の種の歌を若いうちに覚えて、孵化した翌年の繁殖期に間にあわせる。秋になると、メキシコマシコ、ミヤマシトド、ノドジロシトドといった鳴き鳥の若い雄が、自分の種の歌をたどたどしく歌う――春に向けて練習を開始する――のが聞かれる。心地よい音だ。これらの鳥の多くに、〝学習可能な期間〟というものがある。つまり、自分の種の歌を生後一年程度で覚えなかったら、覚える見込みがまったくないのだ。飼育下でも、たいていはうまくないにせよ、自分の種の歌を覚える鳥がいるにはいる。だが多くは、野性環境で年長の雄からじかに教わる必要がある。そして、もし飼育下の鳥がこの肝心な歌の学習可能な期間に自分の種の歌ではなくほかの歌を聞かされたら、代わりにその歌を覚えることがある。種によっては、歌は生得的ではなく学ぶものなのだ。これらの鳥は、幼鳥時に最もよく耳にした歌を覚える傾向がある。調教された飼い鳥のウソがまさにその好例だが、ただし、当該種にとってふつうの音域であることが前提となる。

これらは、ムクドリに見られる本物の模倣とは大きくちがう。模倣が上手な〝物まね鳥〟も、やはり自分の種に固有の歌を歌う(ムクドリの場合は、多くの人が歌と呼ぶのをためらうような、やかんの笛に似た音、騒々しくまくしたてる声、甲高くて鋭い音も含まれる)。だが、ムクドリほか本物の物まね鳥は、ほかのこともやる。周辺環境の音をまねるのだ——鳥のさえずりに関する一般的な説明からかけ離れた、奇抜でありえない音を。しかも、どうやら自分の意思で音を選んでいるらしい。音や旋律を教えこもうとしても、ムクドリはそのいくつかを鼻先であしらい、べつの音に執着する。不思議なほど聞き分ける能力があり、わたしたちが何を模倣してほしいかなど、まるで気にしない。前述のメレディス・ウエストは、カセットテープで流したことばや歌を鳥たちがひとつも覚えなかったと思っていたが、なんと一羽が、テープに録音された語句と語句のあいだのシャーというホワイトノイズをまねているのを発見した。

こうした本物の音声模倣をする種は、さほど多くない。スズメ目の物まね鳥としては、ムクドリやキュウカンチョウ、カラス科(カケス、ワタリガラス、カササギ)、マネシツグミがいる。スズメ目以外では、オウム目が最も有名で才能のある模倣者だ。これらの鳥は、ほかの鳥や動物の鳴き声、環境音、曲のモチーフ、人間の声を模倣する。ウソの若鳥は生来の広い音域のおかげで歌を歌えるようになるが、物まね鳥とはちがって、任意に新しいフレーズをまねることができない。

模倣は、音に対する感性が高いからこそできることで、行動の可塑性〔経験や学習を通じてあらたな行動を獲得できる能力〕と、本能をはるかにしのぐ意識を必要とする。デューク大学の新しい研究で、オウムの脳は独特の遺伝的な型を持つことが示された。有声化にかかわる脳の部位が、関連するもうひとつの層、音の認識と創造に特化されたニューロンの層にさらに覆われている——この研究者たちの表現を借りるなら、〝歌回路のなかの歌回路〟なのだ。オウム目ではない物まね鳥の脳も、同様なのかもしれない。

昔から身勝手だった人類は、自分たちのことばを模倣する鳥の能力にたちまち目をつけ、ひいては、これが鳥類の発声にかかわる最初の研究領域になった。大プリニウスはムクドリのほかにカササギも複数飼っていた。そして、これらの鳥が新しいことばを熱心に覚えたがり、ある単語にいったん着手したら、完璧に体得するまで一心に練習することに気がついた。カーメンももちろん、その点は同じだ。わが家でよく耳にすることばのうち、まず模倣しようと決めたのは、〝ハーイ、ハニー！〟だった。この〝ハニー〟という単語が数日のあいだはぎくしゃくして鳥っぽい奇妙な感じだったが、カーメンは舌の上で何度もそれを転がした。そして体得したあとは？　大声で、見るからに喜びにあふれて発表した——まだ練習段階の、おずおずした声ではなく。大プリニウスは、一羽のカササギがある単語をどうしても覚えられず、この失敗を気に病みすぎて死んだと記し、次のようなすばらしい考察をした。「これらの鳥は特定のことばを発するのを好むようになる。そのことばを学ぶだけでなく、愛する。人知れず入念に思いめぐらし、夢中であることを隠そうとしない。ある語がむずかしすぎて挫折したら、死んでしまう……これらは立証された事実だ」〝人知れず思いめぐらす〟ですって？　たぶん、そのとおり。だが願わくは、カーメンはさほど苦悩する性質《たち》でありませんように。

大プリニウスがこの分野にいち早く着手したにもかかわらず、何世紀にもわたる研究を経たいまなお、鳥の音声模倣についてはほとんど解明されていない。すべての鳥にあてはまる仮説はひとつもないし、どうしても説明しきれない側面が存在する。ムクドリに関する従来の説明は、もっぱら雄が雌の関心を引くために模倣を用いる、というものだ。雌のムクドリであるカーメンは、音声模倣や歌の才能がないものとされる。だが一緒に暮らしてみて、わたしは雌のムクドリも雄と同じ歌の要素の多くを発声できるし、当然ながら模倣能力も高いのだと、心から証言できる。とはいえ、生後一年めの四月に、カーメンが声を出すのをやめたときには驚きあわてた。完全な沈黙だった。絶え間ない口笛音や〝ハーイ、カーメン〟や〝ここへおいで〟をやめただけではない。小さなピーという声さえも、いっさい出さないのだ。わたしは震えあがった。カーメンを甘やかし、歌を歌って聞かせ、娘のクレアに頼みこんで鳥小屋の横にチェロを運び、お気に入りのバッハの組曲を演奏してもらった。ふだんは必ず一緒にさえずる曲だ。だが効果なし。わたしはムクドリ飼育者としてどんな失敗を犯したのかと思い悩み、ふたつの説を導き出した。まず考えたのは、ムクドリは社交的な鳥なので、同種の仲間がいない生活に気が滅入り、発声技術と社交性をじわじわと失っていたのに、わたしが鈍感すぎるせいですっかり話さなくなるまで気づかなかった、というものだ。そこで、一緒に過ごす時間を多くとりつづけ、一羽きりのときに自分の姿を相棒にできるようにと住空間に鏡を増やし、ムクドリの声を録音したテープを流して、やむをえずそばを離れるときはお気に入りのブルーグラスの曲を聴かせた。やはり効果なし。小さなさえずりひとつない。相変わらず愛想がよくて人馴れしていたが、まる三カ月近く一音も発さなかった。

そうこうするうちに、ふたつめの説を考えついた。この時期は、家屋に住んでいなかったら、カーメンは営巣しているはずだ。つがいの相手がおらず、巣も人工巣箱もなく、卵を産んでさえいないが、現実には存在しない巣と雛の安全を確保するために完全な沈黙を保つべし、という生物学的な要請に屈したのではないだろうか。仮につがいの相手が存在していたら、必要に応じて脅しや威嚇で侵入者や捕食者から巣を守ってくれる。カーメンの仕事は、ただ沈黙してじっとしていることなのだ。こちらの説のほうが可能性が高そうだったが、それでも、にわかには信じがたかった。営巣行為から遠く引き離されているのに、なぜ、この行動要請だけが支配的になるのか。そうは言っても、いま現れている季節的な生理変化となんら変わらないのでは？　脚が薄いピンク色になって、嘴が黒っぽい色から輝く黄金色に変化している——どちらも、繁殖の準備が整ったしるしだ。やはり、この沈黙はただ季節的なものだろうか。わたしはカーメンの行動に戸惑ったときにいつもやることをやった。双眼鏡を首からさげ、ノートを手にし、野外へ——この場合は、近くの都市住宅地へ——出て、野性のムクドリがどう過ごしているか確かめたのだ。思ったとおり、雄の鳥が声高らかに縄張りを宣言しているのに対し、雌は巣に隠れて押し黙っている。おかげで、ささやかな希望が湧いた。

そしてようやく、七月に入り、もう二度とカーメンの声を聞けないものとあきらめかけたころ、重い足で階下におりて朝のコーヒーを淹れようとしたとたん、〃ハーイ、ハニー！〃が聞こえた。「カーメン！」わたしは鳥小屋に駆け寄ったが、あの子は澄ました表情で、まるで何ごともなかったかのようだ。それから、ふいに耳障りな長い口笛音を発し、数日のうちにもとの溌溂《はつらつ》とした大きな声に戻った。まさにこの時点で、存在しないひと腹の雛が巣立っていき、もはやこそこそと隠れる必要がなくなったわけだ。

ムクドリの発声に関する研究を調査していると、たとえば「ムクドリが歌う一時的、逐次的な期間の体系」といったタイトルの論文が見つかる。この研究は、音声模倣をあくまで繁殖相手の誘引手段とし、雄の声にはいっさい触れていない。研究対象は一羽残らず雄だ。あるいは「ホシムクドリの歌の獲得——じかに調教した雄、テープで調教した雄、調教なしの雄、捕獲された野性の雄における歌の比較」という論文とか。これまた雄だ。こうした研究手法には一理ある。スズメ目の大半の種は、雌もさまざまな鳴き声を出すものの、本物の歌を歌えるのは雄であり、したがって、歌うムクドリの研究もおのずと、歌の最盛期——春から夏にかけて、カーメンが教えてくれたように雌が沈黙する数カ月間——の雄に集中してしまう。なるほど、雌の発声能力が過小評価されているどころか、ほぼ知られていないのも無理はない。

雌のムクドリの発声に対する偏見について、メレディス・ウエストと話をしてみた。彼女の研究は、被験体の鳥の半数以上が雌であるという点で、ほかとはちがう。とはいえ、これは単に幸運な巡りあわせだった——ムクドリの雛の性別を識別するのはむずかしく、研究チームは入手できた雛でよしとした。結果的に、吉と出た。当初から証明しようと考えていたわけではないが、彼女の研究は、雌のムクドリの並はずれた発声能力を見出した。わたしの発見、つまり雌のムクドリも雄と同等の発声および音声模倣の能力を持ちうるし、交流したい社会的な集団（たとえば家族）のなかにいるときはとくにそうだという発見に、彼女は同意してくれた。

雄と雌双方のムクドリを研究する研究者が増えて、音声模倣に関する従来の説明をさらに発展させることが望まれる。もちろん、つがいのきずなの形成には役割があり、どうやら雄が率先して模倣を用い、相手の気を引いているようだ。だが、いったん安定的なきずなが結ばれたら、雄、雌いずれの模倣も、つが

水浴びをしたあとで、羽を膨らませて自分の世界を見渡すカーメン。(トム・ファートワングラー撮影)

いの親密さを維持する手段となるらしい。どちらの性も、四季を通じて模倣を継続する。実のところ、時期が来たら雄と雌が別れてちがう群れに入ることも多いのだが、その場合、模倣は群れの仲間とつながって帰属意識を生む手段、周辺環境を意識してその一員に加わる手段となる。きっと、ムクドリの雄、雌ともに、意思の疎通や意識のありように関してわたしたちが認識する以上のものを持っているはずだが、その多くは研究室では学べないし、野外でも、断続的にしかムクドリの習性を観察できない状況なら学ぶのは無理だ。野生の鳥としじゅう接して暮らす希有な境遇にないかぎり、知ることはできない。

ごく最近、カーメンはあらたな芸当を覚えた。猫よろしく、にゃーにゃー鳴くのだ。デリラはいかにも面白くないようすだった。トム、クレア、わたしは三人で顔を見あわせ、クレアが「いつか、このときが来ると思ってた」とため息をついた。隣の部屋から聞くと、両者の区別がつかない。デリラの餌入れはカーメンの鳥小屋のそばにあるので、残念ながらカーメンが覚えたのは、満足げでかわいらしいゴロゴロ喉を鳴らす音ではなく、不機嫌な猫の〝餌をくれ！〟の声、おでぶのデリラが餌入れのまわりを旋回しながら、そろそろ食事の時間だと知らせている声だった。新しい音に対してはいつもそうだが、カーメンは磨きをかけ、完成させ、それから自分のレパートリーに――体得した模倣音を残らずつなげて、ひとしきりさえずるなかに――組み入れた。ほかの音の場合と同じく、最初は、脈絡なくこの鳴き声を選んで発声しているように見えた。そしていつもどおり、じつはちがうことを、わたしたちはずいぶん経ってから発見した。

トムが最初に気がついた。キッチンに入ると、カーメンが彼を見て〝ハーイ、カーメン！〟と言った。続いてデリラが入ってくると、それを見て〝にゃー！〟と鳴いた。はじめは、偶然にちがいないとわたしたちは思ったが、何度も同じことがあった。人間にも、猫にも、カーメンは相手のことばで挨拶しているのだ。

このように、カーメンは〝ハーイ、カーメン〟が挨拶なのを学び、その目的に使っている。だが、〝ここへおいで〟についてはは？　このフレーズは、カーメンの生活環境ではふつう、みんなで一緒に過ごすことを意味する。わたしが籠をあけて「ここへおいで」と言い、手を差し出すからだ。では、わたしが隣の部屋にいるとき、〝ここへおいで！〟を聞かされることについては、どうなのか。欲求を知らせている？わたしに来てほしいのか？　だからといって、カーメンが文法構造を多少なりとも理解しているとか、これらを環境音と区別してことばと認識しているなどと主張したいのではない。だが、カーメンがほかの事例で示してくれたとおり、ムクドリは前後関係を理解できるようだから、〝ここへおいで〟の音とその結果――わたしが来るという、うれしいこと――の因果関係を学習した可能性はある。

さすがに、こじつけだと言われるかもしれない。いま話題にしているのは鳥についてで、こうした複雑な意識は、一般に鳥が持ちうるとされる能力を超えている。だが、わたしがここで示唆しているのは、犬が引き綱をくわえて期待に満ちた目で人を見あげるのに似た現象だ。引き綱はすなわち、散歩に出かけたいという望みを意味する。カーメンの〝ここへおいで〟が、ライアンダに鳥小屋に来てほしいという望みだとしても、おかしくはない。この問いはたしかに、鳥類の意識や人間と鳥の意思の疎通に関するわたしたちの知識の限界を押し広げるものだが、そういう時期はもう過ぎた。長年のあいだ、鳥の歌は繁殖行為と縄張り宣言の一機能とみなされてきた。だが、この地球とその生物はじつに奔放で、思いもよらぬ驚きであふれている。そろそろ教科書に背を向け、現実の鳥そのものに耳を傾けるべきではないか。

わたしが自然界で行なう果てなき生物巡礼に、カーメンは大きな影響をおよぼしている。最近は、外の世界に出ていったとき、ムクドリをはじめ、さまざまな鳥に〝ハーイ〟と声をかけずにいられない。カーメンの人懐こさに慣れきっているので、ついつい、一羽が肩に飛んできて〝ハーイ〟と返してくれるんじゃないかと思ってしまう。作家にして芸術家、民族学者でもあるテリー・ウィンドリングは、〈Myth and Moor（神話と荒れ地）〉というブログで、「古い物語の多くは『昔々、動物たちがことばを話せたころ……』で始まり、人間界と動物界の境界が今日よりもあいまいに引かれて簡単に越えられた時代を想起させる」と述べている。ひょっとして、わたしの主張から自然に導き出せる結論も、同じくらい物語の出だしにぴったりかもしれない。「昔々、動物たちがことばを話せたころ」ではなく、「昔々、人々が耳を傾けることができたころ」と。ふり返ってみれば、わたしは何も知らなかった当初、自分の着想、自分が語りたい物語を裏づける研究材料としてムクドリを手に入れようと考えていた。だが、おのれの声を消して一心に耳を傾けてみたら、カーメンはただ物語の一部になるのでなく、語り部としてこの耳にささやきかけ、わたしが世界に向けて何を書き、話し、歌うべきかを教えてくれていたのだ。

第五章　ウィーンのムクドリ

カーメンは若いころ――飛べはするが、まだ丸っこくて羽が灰色だったころ――わが家を果敢に探検していた。部屋から部屋へ飛びまわっては、本棚や電灯やシャンデリアなどの高所に止まって、あたりをしげしげと観察した。最近は、呼べば来るようになった――というか、来るときもある。わたしが腕を差し出して名前を呼ぶと、求めに応じるかどうか一瞬考えたあとで、たいていはこちらの望むとおりにしてくれる。幼いカーメンは、そんなことはしなかった。

　鳴き鳥の換羽の過程では、新しい羽のところどころに綿毛っぽい部分が残されるが、最後に抜け落ちる綿毛は、目の上の小さな房だ。ふわふわした綿毛がおじいさんの眉さながら突き出し、かわいらしいがちょっぴり気むずかしい印象を与えた。夜、籠に戻る時間になると、カーメンはその眉をゆらゆら揺らして、高い戸棚の上からこちらを見おろす。むだだとわかってはいても、わたしは手を差し出す。「ここへおいで、カーメン！　降りておいで！」だが、いかにも若鳥らしく、あの子はただ愛らしくあたりを見まわすだけ。やむなく、わたしはスツールを引き寄せ、命を危険にさらして靴下履きの足でカウンターに乗る。そしてすぐ近くに手を出すと、カーメンは機嫌よくぴょんと乗ってくるのだった。

　わが家は一九二〇年代に建てられた。何よりも目を引くのは、太い樅《もみ》の木の繰形と風通しのよい高い天井だ。間取りは環状で、キッチンから玄関、リビング、ダイニング、勝手口の横の小部屋、そしてまたキッチンへと戻り、各部屋をアーチつきの通路が結ぶ。カーメンが飛びはじめたころ、わたしは練習を手伝い、一階のフロアをぐるぐる走ってまわった。小さな凧よろしく、あの子がうしろを飛んでついてきた。カーメン（または、わたし）が疲れたら、休憩をとり、あの子はわたしの肩に乗って休んだ。やがて、走るのを再開すると、あの子もまた勢いよく飛びはじめる。

以前は恐れ知らずで、どこへでもついてきた。朝、わたしがシャワーを浴びているときは、カーテンポールから頭の上に飛び移った。洗髪中に髪の房をこじあけて石鹸の泡を調べようとするのだが、さすがにこれはやめさせた。石鹸が口に入る恐れがあるからだ。

成鳥になったカーメンは、こういったことをひとつもしない。若鳥はほほえましくも無邪気で、警戒なしに自分の世界をどんどん探検する。そのせいもあって、生後数カ月は死亡率がきわめて高い。成鳥は思慮深くて用心深いが、それにはもっともな理由があるのだ。

わたしたちと暮らす期間が長くなるにつれて、カーメンの行動は型どおりになった。キッチン、ダイニング、わたしの書斎、そして当然ながら鳥小屋では、怖がらずにくつろいで過ごす。ところが家のほかの場所へ移動すると、見るからに不安げになり、わたしの肩にしっかりとつかまる。それでも総じてみれば、怯えた姿よりも、心穏やかな姿のほうが多い。あの子がわが家にいるみたいにゆったりと——独自の流儀や日課や居心地のいい場所のおかげで、鳥小屋の外の大きな家でものびのびと——しているようすを目にすると、とてもうれしい。

カーメンがわが家で——身体的にも、聴覚的にも——繰り広げる物語は、わたしの頭のなかでつねに、モーツァルトとシュタールの物語と混ざりあう。わたしはただの野性の鳥ではなく、モーツァルトの鳥と暮らしているのだ。毎日、モーツァルトがやったとおり、ムクドリの玉虫色の羽に、奔放さに、おしゃべりに、ペンを手にしながらほほえむ。そして数カ月にわたって、視覚化能力を駆使し、モーツァルトの家へ、カーメンと同じくシュタールが家族の日常に溶けこんでいた場所へと、自分を移動させてきた。たとえ時代的、文化的な隔たりがあろうと、モーツァルトとシュタールの生活には、わたしとカーメンの生活と数多くの共通点が見られるだろう。たしかに、モーツァルトは音楽の天才だ。だが、枝葉を取り払った根幹では、わたしたちはともに、肩にムクドリを乗せてデスクに向かい、作品をこしらえる人間なのだ。

モーツァルトとそのムクドリの物語に思いを馳せはじめた当初から、わたしはウィーンとザルツブルクのガイドブックや、これらの場所の生活と文化に関する専門書を読みふけった。モーツァルトが歩いた通りや、シュタールと暮らした部屋を心の目で再現しようとした。ある家に住んでいた人々は、なんらかの形でその空気に存在しつづける、という確信を抱いて。モーツァルトにせよ、だれにせよ、これほど個性的な鳥といかに暮らすかについては、カーメンがたくさん教えてくれたが、モーツァルトの部屋にはもっと多くの秘密があるはずだ。あまたのモーツァルト巡礼の先人と同じく、わたしはいそいそと荷造りしてウィーンへ赴いた。まずは最高のザッハトルテを見つけよう。それから、ウィーンの通りとモーツァルトの家の廊下をぶらつこう、と。

一七八四年九月二九日に、若きモーツァルト夫妻はグラーベン通りの狭い住居から、ドームガッセの広々としたアパートメントに引っ越した。そこは、かの大尖塔を頂くシュテファン大聖堂、ウィーン市民に親しまれて数キロ離れた場所からでも見えるあの名所の、すぐ裏手だった。引っ越しの馬車で、シュタールはおそらく小さな籠に入れられ、おくるみに包まれた生後わずか九日のカール・トーマスと並んでいただろう。天気は上々で、新生児を移動させる大変さはあっても、モーツァルトとコンスタンツェはご機嫌だったはずだ。坊やは血色がいいし、これから、好立地にある豪華な三階のアパートメントに移り住む。しかも移動距離はほんの数ブロックで、以前の家から徒歩たったの一〇分。荷物をどっさり積んだ馬車だと、もう二、三分かかったかもしれない。モーツァルト夫妻は結婚生活でウィーン市内をたびたび引っ越した――わずか一〇年で一四箇所に住んだ――が、いまも存在するのは唯一、このドームガッセの家だけだ。*

この時期のウィーンの歴史や文化を理解したい人はだれでも、文化評論家のヨハン・ペツルが実地で記したたぐいまれな著述の恩恵を受けることになるだろう。一七七六年から一七九〇年にかけて、ペツルはこの時代のこの場所をじかに体験した人々の文化的記録のみを収集し、本にまとめた。その『ウィーンのスケッチ（Skizze von Wien）』を、わたしは旅行前の数週間にとことん読みこんだ。それによると、三階の（ウィーンでは地下室を一階と数えるので、アメリカ人は二階と呼ぶ）部屋は、最も高価だが人気も格段に高かったようだ――モーツァルト夫妻が今回の引っ越しにわくわくしたと思えるもうひとつの理由だ。いわく、一階とそのひとつ上の階は「通りの粉塵、畜舎や下水溝の悪臭、外を行き交う車輪の騒々しい音」に近いせいで、好ましくない。かたや四階以上だと、空気と景色はいいが、「生活必需品や薪や水などを

＊グラーベンのアパートメントも建物としてはまだ存在するが、内部はホテルとして大幅に改装され、モーツァルトが生活していたころの部屋とはまるきり異なる。

『ウィーンの小麦広場（Der Mehlmarkt in Wein）』、モーツァルトの時代のウィーン中心街。（ベルナルド・ベロット、1760年）

この高さに運ぶのは重労働」なので家賃がさがり、「段数に応じて賃料は安くなるものの、一日一〇回、一五〇段をのぼって品物を届けてもらう代金がかさむ」ので、「市中の建物の最上階、屋根裏の部屋には、最も貧しい人々、仕立職人や写本職人、めっき師、写譜職人、木彫師、画家などが住まう」ペッツルの見解は、政治的であると同時に示唆に富む。「これらの屋根裏階では、往々にしてたくさんの子どもが這いずり、その数の多さとひっきりなしの要求に悩まされる哀れな父親の心労は、二階下に住む裕福で著名な男性の、たったひとりの跡取りが得られるかどうかという不安と、程度においては同じである」

現代のきれいな空気のなかでは、モーツァルトの時代に暮らすウィーン市民がいかに埃に悩まされていたか想像がつきにくいが、ペッツルはこれを最大の災いと表現している。「白亜と砂利の乾いた粉塵で、目をひりひりさせ、あらゆる肺の病気を引き起こす。召使い、使い走り、髪結い、御者、兵士など、外の通りで長々と過ごさざるをえない者たちは、肺の病、結核、肺の感染症等で死ぬことが多い……最悪の事態が生じるのは、暖かい日が数日続いたあとで強風が吹きつけたときで……粉塵が口、鼻、耳に入りこみ……目には涙があふれる」このアパートメントに暮らすモーツァルトは、埃のない現代の快適な世界から直感的に認識するよりも、恵まれた境遇にあったわけだ。粉塵の上、重労働の下に。

わたしがウィーンとザルツブルクを訪れたのは秋で、観光旅行シーズンが終わった直後、人が減って値段は少しさがってきたが、天候は――運がよければ――まだ良好なころだった。幸運の女神はほほえんでくれた。オーストリアで過ごした日々は、暖かく牧歌的だった。ウィーンは、モーツァルトを意識した観光客向けの装飾小物やチョコレートがいたるところにあふれ、今日でもなんだか魔法にかけられた観がある。この街の音楽精神は本物で、肌で感じられるのだ。

旅をするときはいつも、思いがけない発見を楽しめる気ままな旅行者になりたいと思うが、ウィーンの通りではやはり、ベデカー〔旅行案内書〕が頼みのルーシー・ハニーチャーチ〔映画『眺めのいい部屋』のヒロイン。世間知らずの良家の令嬢でフィレンツェを旅する〕よろしくラフガイド〔旅行案内書〕を握りしめていた。そのなかの地図が、モーツァルトが住んでいたドームガッセのアパートメント、つまり現在のモーツァルトハウスへ導いてくれた。ウォルフガングとコンスタンツェはこの部屋をたいそう気に入って三年近く住んだが、賃料が高すぎて一七八七年には退去を余儀なくされた。その後数十年のあいだに、さまざまな借家人が住み、いまとなっては正確な日付はわからないが、ある時点で三つの居住空間に分割された。一九四一年、ナチスの政治家たちの指導で、分割された三つのうちひとつの賃借権を市が獲得し、同年一一月の第三帝国ウィーン・モーツァルト週間に、モーツァルトの没後一五〇周年を記念してささやかな博物館が作られた。歴史家のエリック・リーヴィーは著書『モーツァルトとナチス――第三帝国による芸術の歪曲』で、ナチスがこの記念日をとくに熱心に利用しようとしていた、と述べている。モーツァルトの音楽は「だれにでも親しみやすい」ので「本国と戦地を結ぶ心の絆として理想的」とみなされたからだ。もっとも、リーヴィーの主張によると、ナチスにとって、モーツァルトはほかの多くの人気作曲家よりも取りこみにくかった。彼らの政策とあからさまに対立する哲学的、倫理的な見地が、モーツァルトの手紙の多くにはっきりと記録されているのだ。

一九七六年にようやく、ドームガッセの三つの部屋すべての賃借権をウィーン市が獲得した。当時の間取りが復元され、簡素な博物館が設けられた。そして一九九〇年代なかばに、観光客をもっと増やす目的で展示がてこ入れされた。各部屋がきれいに整えられ、磨きあげられて、現代的な展示理念を注入された。それでもなお、ラフガイドの論評はそっけない。旅行前、わたしはこのハウスを訪れるのが待ち遠しくて、何十回となくこれを読み返してはわずかな希望を探したが、露ほども見つからなかった。ラフガイドの説明は、下記のとおり。

悲しいかな……歴史的な意義がいかにあろうと、この博物館はいささか期待はずれだ。エレベーターで三階へ運ばれ、直筆の楽譜や肖像画が並べられたフロアを否応なしに歩かされて、ようやく当のアパートメントにたどり着く。モーツァルトの住んだ部屋のうち、当時の大理石と化粧しっくいの内装を保っているのはひとつだけで……モーツァルトの個人的な情緒もささやかな趣きもまったくない。

もう一冊、わたしが頼りにしたリック・スティーブスのガイドブックも、今回のウィーン旅行で山場になるはずの、この博物館巡礼への萎れゆく希望を甦らせてはくれなかった。見てのとおり、どちらの記述も同じことばで始まっている。

悲しいかな、この博物館を訪れるのは、立てかけてある本を読むのに等しい――ページをめくる代わりに、部屋から部屋へと歩くのだ。見るべき文化遺物はほとんどない。

なんてことだろう。だが、わたしがはるばる地球を回ってきたのは、まさにこの住まいを探訪し、ヴォルフガングとコンスタンツェがウィーンでいかに暮らしていたか、シュタールがいかにその生活に溶けこんでいたかを調べるためだ。わたしはあごをぐいとあげると、玉石敷きの狭い通りに立ち、がっかりさせられる心の準備をした。

ところが、意外にも、がらりと印象を変えられた。たしかに、入り口はちょっぴりさえなかった。期待できそうな大理石のアーチ道を抜けると、モーツァルト家の来客を乗せた馬車が停まったであろう場所に、ショッピングセンター併設のシネマコンプレックスのロビーを思わせる受付があった。平らな灰色のカーペット、冷たい金属製ハンガーが並んだクローク（おまけに、外套や鞄をよこせと命じるいかめしい監視役つき）、ＩＫＥＡふうの椅子と自動販売機が置かれた見栄えのしない休憩室。どこにも、魅力のかけらさえない。だが、じきに現代的なカーペットをあとにして上へ上へとのぼり、手すり越しに開放的な中庭をのぞきこんでから、召使い用の入り口をくぐってモーツァルトハウスの最初の部屋に入った。なるほど、どの部屋も廊下も磨かれ、塗装されて、階段の吹き抜けには、現代の過保護な観光客の子どもがうろついても小さな頭を鉄柵のあいだに挟まないよう安全策が講じられている。だがアパートメントそのもの、一家が日常生活を送っていた部屋は、モーツァルトの時代からほとんど変わっていない。

ラフガイドをはじめとするガイドブックがこの博物館に批判的なのは、たぶん、展示の背後にある理念のせいだろう。著名な芸術家や作曲家の住居ゆかりの博物館を創設する場合、一般に受け入れられる方針は、各部屋を当時の様式に改装し、その人物の生活を偲ばせる外観を作り出すことだ。もし、本人が使用していた家具が現存していなかったら（モーツァルトの場合は現存していない）、ほぼ同じ時期の家具か精巧な複製を手に入れて、当の著名な住人ならこう配置したと学芸員が考えるとおりに室内に配置する。わたしたちはこれを期待して訪れ、楽しむのだ。モーツァルトハウスの展示理念はもっと前衛的で、各部屋がモーツァルト一家にどう使われていたのか定かではないと認めることが前提となっている。当館の学芸員たちは、まちがいかもしれない想像図を純真な一般大衆に押しつけるのではなく、各部屋がどう使われていたのか一緒に想像しましょうと観光客を誘う、すがすがしいほど現代的な手法を採った。壁に注釈を画鋲止めして推測を示してはいるが、疑問符があちこちに添えられている――〝誘いかけの疑問符〟と彼らが呼ぶものだ。〝仕事部屋（?）〟〝寝室（?）〟というふうに、断定に代えて、自分で想像するひとときが提供される。〝ほら、みなさん、あなたはいまこの部屋に立っています。過去の声をはらんだ空気の小さなざわめき、天井の梁へ立ちのぼるアリアのなかに。あなたはここにいるのです。何を思い描きますか?〟わたしの意見では、ちっとも退屈ではなかった。やりがいがあり、じつに楽しく、わくわくさせられる。各部屋を歩きまわるうちに、自分の想像力がしかるべく翼を広げるのを感じた――おそらく、従来の展示ではこうはいかなかっただろう。アパートメントそのものと、ここに存在するささやき声の亡霊が、この博物館の珠玉なのだ。こうした手法は、モーツァルトとそのムクドリについて自分が編んでいる物語の道筋に沿うものであり、この物語は各部屋で命を吹きこまれるが、それでも大きな問いが残されるだろうと、わたしはすがすがしく悟った。

どの部屋にも、アパートメントでの生活を示唆する同時代の文化遺物がひとつだけ置いてある。すべて十八世紀の品で、モーツァルトの所有物に似ているが、どれも現物ではない。客間とおぼしき部屋に、テーブルが一卓。キッチンに、フォークが一本。いっぽうで、モーツァルト一家の所有物として知られる家具のすべてが、象牙色のミニチュアで再現され、最初の部屋、つまり召使い部屋にある模型の家に据えられて、観光客が心の目で配置できるようになっている。それらの家具はもっぱらロココ様式かバロック様式だ。モーツァルトのような中流階級の家では、当時の新古典様式ですべての家具をまとめるのはまれだった。

この家具つきの小さな家のうしろには、ちょっとした風変わりな展示がもうひとつある。壁の小さな棚に、この家のおもな住人を表す小さな像が展示されているのだ——コンスタンツェ、モーツァルト本人、カール・トーマス、それから、一七八六年一〇月にこのアパートメントで生まれて数週間だけ生きた赤ん坊のヨハン・トーマス・レオポルトが寝かされたベビーベッド。それぞれ赤か黄色の樹脂で作られて、わたしの親指と同じくらいの大きさだ。意外だがとても喜ばしいことに、人間だけでなく、モーツァルトの愛犬ガウケルルと、籠に入った一羽の鳥もいる。モーツァルトのムクドリだ。わたしは身を乗り出し、勢いこんでこの小さな黄色い鳥を見つめた。正直なところ、さほどムクドリらしくないが、かまわないではないか。シュタールは、わたしだけが執着しているのではなく、この現代的なモーツァルトの物語にも登場することがわかって、わくわくした。これら小さな像の役割は、わたしたちがアパートメントを歩きまわって想像力を駆使する手助けなのだという。どの部屋でも、そこを使っていたと思われる人物の小さな像が、学芸員の注釈と並んで細長い棚に置かれている。客間にはヴォルフガングとコンスタンツェが、小さな寝室には夫妻に加え、おそらくは両親と同じ部屋で眠っていたふたりの男の子が。そしてガウケルルは、ほぼどの部屋にもいる。では、シュタールは？　わたしの家で暮らすカーメンのさまざまな姿が想像のなかで渦巻き、鳥の像が実物大のムクドリとして棚から飛びだして、いまにも肩に乗ってきそうな気がした。この風変わりな案内役に導かれて部屋から部屋へと歩きながら、わたしはこう問いかけた。〝あなたは、どこを飛んでいたの？〟

まずは、召使いの間。掃除用具、薪、女中のベッドがたぶん置かれていた。この部屋は狭いが明るい。下男のヨーゼフがどこで眠っていたのか定かではないが、きっと一家とともに生活していたはずだ。おそらく夜に廊下かキッチンにマットレスを広げ、日中はそれを丸めておいたのだろう（おかげで、冬季にはほかの召使いより、それどころか主人一家よりも恵まれていたと思われる。なにしろ、凍えるほど寒い家で唯一の熱源となる薪ストーブに最も近く、どこよりも暖かい場所に、寝床があったのだから）。これは啓蒙主義的なエピソードで、ドラマ『ダウントン・アビー』とはちがう。モーツァルトの時代は、このドラマの舞台となるエドワード朝以降の時代、いやそれより一〇〇年前のヴィクトリア朝の時代に比べても、たとえ最富裕層の家であろうと、家族と使用人の関係がもっと気安かったのだ。キッチンの現物は、中央エレベーターを導入するためにとうの昔に取り壊された――博物館ではなく、べつの区画に住む現代の住人のために。建物のほかの部分は、じつは、いまも本来の機能を果たしている。博物館の上の築四〇〇年の部屋に、数家族が住んでいるのだ。

召使いの間（同時代の品は、持ち運び可能な鋳物の燭台）、小さなダイニング（磁器の果物皿）、客用寝室とおぼしき部屋（簡素な木製の椅子）を抜けると、このフロアで最も広く最も陽光が注ぐ空間に出る。おそらくは客間だ。部屋の中央に、モーツァルトの時代のゲーム用テーブルが据えられている。モーツァルトはビリヤードが好きだったが、展示には標準サイズのビリヤード台は大きすぎたのだろう。たぶんこの部屋で、各種パーティー、ちょっとした舞踏会、演奏会が催され、そのときどきで来客と演奏者のために椅子が並べ替えられていたはずだ。

これらの部屋はL字に近い形に配置され、いちばん奥の扉は、大聖堂の尖塔を望む窓がついた小さな寝室に通じる。天井は装飾と金めっきを施されたぶ厚い化粧しっくいで、渦巻く花やゆり紋章や天使《ケルビム》は、こうした中流階級の部屋よりも貴族の大邸宅に似つかわしい。一七二〇年代に、しっくい工芸の名匠で宮廷に仕えたアルベルト・カメシナがこのアパートメントを所有し、みごとな天井をつけ加えた。カメシナほどの腕を持ったしっくい職人は、ただの大工とはみなされず、熟練職人として尊敬されていた（モーツァルトの時代には、このアパートメントはカメシナハウスと呼ばれ、のちの時代に、ここで作曲された有名なオペラにちなんでフィガロハウスとして知られるようになった）。わたしが思うに、ここに住む喜びを決定的なものにしたのは、この天井ではないだろうか。仰向けになって、頭のなかで音楽を奏でていると、緊張がゆるんで頭上の模様に溶けこんだかもしれない。そうして、モーツァルトは落ち着きと、ボヘミアン的空気と、ちょっとした金持ち気分を味わったのだ。

わたしは部屋から部屋へと探索し、期待を胸に、並べられた小さな像を調べた。はじめの部屋でシュタールの存在が示されたからには、展示のあちこちで見かけるだろうと思ったのに、その後は鳥の像はまったくなかった。博物館のガイドに尋ねたところ、にこやかに応じてはくれたが、この鳥に関する疑問を共有してくれたようすはなかった（のちに、歴史協会に電話してみた。鳥籠はどこにあったと思われますか、と。だれひとり、あえて考えようとはしなかった）。

ついに、最後の部屋にたどり着いた。客間と小さな寝室のあいだの、広々とした〝仕事部屋（?）〟に。そう、たしかに仕事部屋だ。風通しがよく、光にあふれ、グランドピアノやヴァイオリンやヴィオラを置いてなお、子どもたち、召使い、生徒、演奏家たちと犬がうろつく空間がある。申し分のない仕事部屋だ。ここでようやく、わたしの肩にいた鳥の亡霊が、きらめく羽を膨らませたのだった。

カーメンには可能なかぎり囲いの外で過ごす時間を与えたくて、仕事中はいつも、わたしの書斎に連れてあがる。これには準備がいくらか必要だ。高窓は、もちろん閉じる。そして囓ったり、つついたり、盗んだり、打ちつけたり、踏みつけたり、上に糞をしたり、といったことをされたくないものはすべて隠す。冬なら、ラジエーターのスイッチを切って毛布で本体を覆い、カーメンが乗って小さなかよわい足がやけどしないようにする（飼育下では足のけがや感染症が死因として多いので、カーメンの足の健康に留意し、太さや触感がちがう天然木の止まり木を与えている）。部屋の準備が整ったら、手近に新しいペーパータオルを置き（糞をすばやく拭き取るため）、愛猫のデリラを娘の部屋に閉じこめたうえで、階下に降りて鳥小屋をあけ、肩に飛んできたカーメンを乗せたまま階段をまたあがる。用心深い成鳥になってからは、踊り場を警戒するので、ゆっくり足を運び、なだめ文句をささやきかけながら。ひとたび書斎に入ったら、カーメンは心地よく過ごせる。ここはお気に入りの部屋だ。やることが、じつにたくさん！　なんと多くの方法で、わたしを悩ますことか！

カーメンはたちまちコンピューター作業に取りかかる。タイプ中のわたしの手に乗るのも好きだが、それ以上に、キーボードのあちこちで羽ばたき、ジャンプし、走りまわるのがお気に入りだ。そして、キーと枠のあいだに嘴をねじ入れようとする。これもまた、周囲の世界を調べるときに口を大きく開く習性の

『モーツァルトのムクドリ』の執筆を監督するカーメン。(トム・ファートワングラー撮影)

一例で、いつか、ほんとうにキーをはずして感電死するのではないかと、ひやひやさせられる。コンピューター遊びの結果がどれも偶然にもたらされたとは信じがたい。なにしろ、書類に文字をつけ加え、電子メールを修正したり、消去したり、書きあげる前に送信したりする。フェイスブックの投稿に「いいね!」する。ときどき、編集されたおかげで拙文が改善されることがある。わたしがよく使う不必要な副詞を削除してくれるのだ。たまに、わたしは仕事の手を止めて、虹色を帯びた羽ときらめく利口そうな瞳の動きをほれぼれと眺める。一分もすると、カーメンがこちらを向いてじっと見つめる。まるで、〝こらこら! もっとタイプして! 何もしていなかったら、仕事しようとする涙ぐましい努力を邪魔できないじゃないの〟とでも言うかのように。

コンピューターに飽きたら、カーメンは書斎で二番めに好きな遊びに移る。危険なものを見つけて、盗むのだ。どういうわけか、おもちゃとして選んだ品をわたしが取りあげようとすると、たちまちそうと察知し、腕を伸ばした瞬間、あざけるように手の届かない場所へ飛んでいく。わたしはやがて、画鋲や輪ゴムなど呑みこんだら死にかねないものをカーメンが見つけたときは、逆心理を利用するのが最善策だと学んだ。つまり完璧な無関心を装い、それから、べつのきらめく小物に関心を向けるふりをする。害のない物、たとえば呑みこめない大きな紙ばさみなどだ。カーメンが調べに飛んでくると、それを覆い隠して、だめだと言う。そうすれば、ほぼ確実に、死を招く画鋲を投げ捨てて、紙ばさみを狙ってくれる。わたしの指をつつき、腹立たしげに〝ここへおいで、ここへおいで！〟と叫びながら（苦境に陥ったときは、必ず音声模倣をする）、拳の隙間に嘴を突っこんでむりやりこじあけ、獲物を手に入れる。もし、わたしが紙ばさみを取りもどすふりをしたら、さっと引っこめて守ろうとする。

カーメンが安全に遊べるよう、娘のクレアが幼児だったころと同じく、書斎に小さなおもちゃ箱を設置した。ただしカーメンのは、箱というより、おもちゃボウルだ。そのなかに、お気に入りの物をたくさん入れておく。紙ばさみ、バインダークリップ、髪紐、さまざまな大きさや色の付箋、ボタン、カサカサ音がするチョコレートの包み紙、殻入りのピーナッツ、タグと糸がついたティーバッグ。毎日、わたしの執筆中はこれらでひとり遊びしてほしいと、かなわぬ望みを抱きつつ中身をあらためる。だが困ったことに、カーメンはただこれらで遊びたいのではなく、わたしと一緒にこれらで遊びたいのだ。おもちゃボウルは必ずデスクの上、わたしの肘のすぐそばになくてはならず、カーメンはそこからひとつを選んで振りまわし、さらに机の上に荒々しく叩きつけて〝殺す〟。これはごく幼いころから示していた行動で、とりわけ紙くずをこんなふうに攻撃したがる。この事実を頭に入れたうえで、戸外で野生のムクドリを観察したところ、昆虫、とくにトンボや蛾など大きな羽のある虫を捕まえたときの行動の再現だとわかった。ムクドリは虫を振りまわしたあと地面に叩きつけ、羽が取れたおいしい胴体部分を食べる（カーメンの場合、蛾にせよ蝶にせよ、美しい羽を持った生き物を捕まえたことは一度もないが、小さな虫がそばを飛んでいるとぱっと捕まえてのみこむので、その光景にぎょっとさせられる。とどのつまり、この子は野生の鳥なのだ）。おもちゃをすべて殺したあとは、わたしにひとつずつ見せないと気がすまない。肩に乗って紙ばさみをシャツに落としたり、付箋を髪にくっつけたり。

一時間ほどしたら、わたしの大好きな時間になる。遊ぶものがもう見つからず、心ゆくまで肩越しに本を読んだり、わたしが望まないときにページをめくったりし、電子メールの送受信をすべて終えたあと、カーメンは肩でくつろぐか、肘のくぼみに収まるか、膝に乗って腹にもたれかかる。柔らかい胸の羽で自分の足をすっぽりとくるみ、羽毛を膨らませたかと思うとまたすぼめて、まるきり動かなくなる。ときには、目を閉じる。あるいは、穏やかにただ休息をとる。満足げな小さな音をたてることもある。籠のなかからは、けっして聞こえてこない音だ。ため息のような声、こうして静かに寄り添うひとときのために取っておいた声。わたしもじっとしていると、カーメンの速い鼓動が感じられる。こうしたひとときにわたしが飽きることは、けっしてないだろう。慰安、休息、思いもよらない安らぎを、見たところ分類学的にはかけ離れているふたつの生物のあいだで、こうもやすやすと共有しているのだ。

こうしたひとときを、ヴォルフガングとシュタールも分かちあっているさまが目に浮かぶ。よくある光景だったにちがいない。現代の感覚からすると、十八世紀の良家では、鳥はロココ調様式の籠に装飾品よろしく収められ、止まり木でフラジオレットのレッスンを受けるくらいしか家の人との交流がなかったものと思われがちだ。だが当時の飼い鳥は、現代の飼い鳥よりもはるかに、籠の外に出ることを許され、日常生活の一部になっていた。今日のペットショップで売られる鳥はたいてい手乗りではないが、十八世紀のヨーロッパでは、小鳥店の鳥はたいてい雛のときに（悲しいかな、カーメンと同じく）巣から盗まれ、家庭内で育てられていた。人間の存在になじみ、よく馴らされ、物にぶつからないで室内を飛びまわれ、おしなべて家族のよきペットになった。とはいえ、現代と同じく、実際の交流のレベルは鳥種によってまちまちだった。フィンチ類やカナリアは人に懐き、陽気で、きれいな声で鳴くが、ちょっぴり怖がりな側面がある。行動の可塑性が高い種――オウム、ムクドリ、キュウカンチョウといった鳥（音声模倣がとくに上手な種）――の場合、はるかにたくさんのことができる。

わたしたちの知るかぎり、シュタールはモーツァルトが結婚後の家庭に持ちこんだはじめての鳥だが、彼は一生のあいだに多くの動物と暮らした。モーツァルト家生息動物の図鑑には、子ども時代の愛犬ビンペルル、カナリア数羽、そして彼が愛情をこめてクレパー、つまり〝老いぼれ馬〟と呼んでザルツブルクからウィーンまで連れてきた老馬が含まれる。モーツァルトはペットたちに強い愛情をもって接していた。ヨーロッパ旅行中、若きモーツァルトが家に書き送った話題豊富な手紙の何通かは、スパニエル犬へのメッセージで結ばれている。「ビンペルルの体を一〇億回のキスで埋めつくし、ふわふわの尻尾をぼくの代わりに一〇〇回引っ張って、あの子が吠えるまで毛皮をもこもこにしてやって！」

シュタールとガウケルルも、この時代のほかのペットと同じく、人ではない生き物に対する人間の意識が大きく変わるまっただなかにいた。十八世紀にはまだ、あらゆる生物は人間の楽しみまたは啓発のために神が創りたもうた、という考えが支配的だった。鳥はわたしたちを喜ばせるために歌う。牛は風景に点々と散らばって静寂感をもたらし、もちろん食料も提供してくれる。一見したところ狡猾な生き物ですら、神の知恵と人間への愛を教えてくれる。たとえば雑草は、人間の勤労と健康のための肉体運動をうながす。虱《しらみ》は、清潔にしようという気にさせる。十八世紀以前の人間と動物のかかわりは、おおむね実利的だった――食べ物、輸送手段、労働の担い手、科学研究の対象。貴族は異国ふうのペットを飼うこともあったが、一般に中産階級は飼っていなかった。ルネ・デカルトを頂点とする主流の合理主義哲学では、人間だけに意識があるとされていた。動物は知性のない〝自動機械〟であり、思考も苦悩もできない。科学実験や解体処理の最中にあげる鳴き声を、デカルトは扉の蝶番のきしみにたとえている――しょせんは、それだけの存在だ、と。

デカルトの哲学は、台頭しつつあった科学、なかでも医学に浸透して、生きた動物を対象にした身の毛のよだつ外科的実験を正当化するために用いられた。こうしたデカルト思想への反作用とでも言うべきか、一七六二年、モーツァルトがシュタールを家に連れ帰る二〇年ほど前に、ルソーが『社会契約論』を出版した。彼はカルヴァン派の家庭に生まれ、青年時代にカトリックに改宗したが、それでも、宗教的な真理は最高次の存在から啓示されるのではなく〝自然状態〟だと信じるにいたった――自然の美と調和のなかに見つかるのだ、と。動物たちは単なる神の園の働き手ではなく、神の性質と働きを知る窓だとされた。ルソーは心の平穏を求めて田園地帯を放浪し、ただ植物の静けさと鳥の動きに囲まれて、現代の環境保全運動を予感させる〝万物の調和〟を経験した。動物に関する彼の主張は、デカルトをまっ向から否定するものだ。動物に理性があるかないかはともかく、あきらかに感覚はある。つまり苦痛を感じるわけで、人間にやさしく扱われるべきだ。ルソーは『人間不平等起原論』で人間と動物の意識の連続性にかかわる哲学的な礎を築き、次のように記した。「すべての動物は感覚を持つのだから、観念も持つ。その観念をある程度まで組みあわせさえする。そして、この点において人間が獣と異なるのは、度合いだけである」

ルソーの自然に対する考えかたに大きく感化されて、モーツァルトの時代に人間と動物が互いに交流する文化が花開き、上中流家庭でペット、とくに、犬と鳥の飼育がたいそう人気になった（鼠を捕らえる猫は、働く動物とみなされ、下流階級や農家で飼われることが多かった）。屋内に、そして日常生活に持ちこまれるペットの数がどんどん増え、この状況――ふつうの人間が日々動物とじかに触れあうこと――が、どんな学術的議論や高尚な道徳的議論よりもデカルトの哲学を揺るがした。ペットと暮らす人たちは、動物には意識があり、人間が配慮しなくてはならないことをはっきりと認識できた。この時代のペットの飼育は、単に装飾的な行為と解釈されがちだが、モーツァルトとそのムクドリは、動物への倫理観が救いがたいほど欠けていた時代と、十九世紀のチャールズ・ダーウィンやジョージ・ロマネスが提唱した動物の認知にかかわる強力な進化論的主張とを結ぶ、哲学的な架け橋の一部なのだ。ダーウィンらは、人間と動物の肉体的、精神的な連続性を科学的な言語で規定した。彼らの研究は、ルソーの『人間不平等起源論』とともに、動物を人道的に扱うよう求める運動に、ひいてはヒューメイン・ソサイエティーの創設につながった。

とはいえ、動物にも意識があるという常識的な認識を、自然界の野生動物に対する現代の生態学的な見解と混同してはならない。ルソーは啓蒙主義の思想家だが、根っからのロマン主義者でもある。自然は善で、秩序正しく、調和的だというルソー的な見解が大衆に浸透した結果、理想化され、手なずけられた、庭のような情緒が培われた。彼らのペットの飼育には、これが反映されている。

生来の鳥の歌を人間に快適な音楽構造に合致させようとしたのと同様に、建築様式の最新流行にならって精巧な鳥籠が作られた。優美な籠の多くは、マホガニー材と銀か真鍮の金具で作られ、鳥が入るには小さすぎるアルコーヴや小塔が設けられた。掃除しにくく、有毒なペンキで塗装され、あちこちに釘が露出していた――鳥の健康よりも、装飾を目的としたものだ。歌う鳥を部屋から部屋へ運べる小さな携帯用鳥籠も人気で、いわば牧歌的な十八世紀版ポータブル・ラジカセだった（モーツァルトがこの籠を持っていたとは思えない。ただでさえ、家じゅうに音楽があふれていたのだから）。

十八世紀の鳥の飼育については、肖像画から多くのことが判明している。この時期に職業画家が描いた肖像画には、たいてい女性と子どもと籠の外に出されたペットの鳥がいる。鳥たちは飼い主の肩か指に止まって、衣装のリボンをもてあそび、飼い主の手か差し出された棒（わたしがカーメンを育てるのに使ったスターバックスのかき混ぜ棒みたいなもの）の先端から餌をついばんでいる。肖像画のこうした行動から示唆されるのは、鳥が毎日、何時間も自由に過ごしていたことだ。ほぼずっと籠に閉じこめられていたら、

『細密肖像画を持った優美な婦人』鳥籠の外にいるカナリアが、恋人の手紙と細密肖像画を心もとなげに眺める若いご婦人を見守っている。（マイケル・ガルニエ、1790年ごろ）

これほど行儀よく親しげに飼い主と交流できるほど人懐こく従順にはならない。どんな鳥でも、たとえ人工飼育された個体であろうと、籠のなかにぽつんと放っておかれたら人間を警戒しはじめる。前述のメレディス・ウエストの研究で、室内ではなくポーチで過ごした鳥は、人工飼育されたにもかかわらず、人に懐いた状態が失われてしまった。かたや、一八世紀の肖像画では、一〇代の少女と色鮮やかなフィンチが同じ椅子にいて、なんとも親しげに見つめあっている。あるいは、彩色された絹のリボンを子どもとハトが引っ張りっこしたり、女性が客間で、絹の靴のつま先から見あげるアトリに卓上ピアノを弾いてやっていたり（当の女性は気乗りしない退屈な表情で、何か気晴らしを欲しがっているようすだが、当時の知的な上流階級の女性はたいていそう描かれていた）。

これらの肖像画では、どの人物もいちばんの晴れ着姿だ――男の子たちは磨きたてられて一張羅をまとい、女の子たちはふわふわの絹飾りがついたスカートを着せられている。おとなの男性は、家族の肖像画で鳥が子どもと一緒にいるものはべつとして、鳥のいる肖像画には描かれないのが一般的だ。鳥は社会的、芸術的に無邪気な喜びを象徴する。ゆえに、子どもや若い女性の領域に属する。これらの肖像画は、楽園喪失前のエデン、若者のためのしかるべきすばらしい庭の雰囲気をかもしている。モーツァルトは、当然ながら、おとなの男性だ。だが、肖像画に鳥と交流する男性の姿がないからといって、彼らが人目のない家庭内でも鳥と交流していなかったとは言えない。それに、みんなも承知のとおり、モーツァルトは毛色のちがう存在だった。

この時期の肖像画でムクドリが描かれているものは見つからなかったが、それには理由がある。ペットの鳥も家族の肖像画も、社会的地位の象徴だった。異国のオウムやみごとに調教されたカナリアは値段が高く、ひいては、それなりの身分を暗示する。ムクドリはどこにでもいる在来の鳥で、農夫が苦もなく巣から盗める。店ではわずか数十クロイツァーで売られ、肖像画にふさわしくない。社会的地位を気にするモーツァルトが、わざわざムクドリをペットに選んだことの意味は大きい――彼はただ鳥が欲しかったのではなく、この鳥が欲しかったのだ。

これらすべてを考えあわせると、モーツァルトハウスでシュタールの占める場所はどこだろう。ことモーツァルトに関しては、たぶん答えはひとつ。音楽のある場所だ。シュタールに目配りし、話しかけ、一緒に遊んでやれる場所。この鳥が音楽に加わり、マエストロにまとわりつき、ヴァイオリンの弦をつつき、鵞ペンを引っ張り、インク壺に嘴を突っこむことができる場所。モーツァルト一家はいつも音楽を奏で、自由奔放に生活していた。シュタールの死に際してモーツァルトがこしらえた哀悼の詩からは、ムクドリの個性をじつに鋭く理解し、この鳥を個人的によく知っていることがうかがえて、きっと両者は日々一緒に過ごしていたのだろうと思われる。〝憎めないやつだった／ちょいと陽気なお喋り屋〟モーツァルトハウスの小さな黄色いシュタールの像は、仕事部屋に置かれるべきだ。

シュタールはこの部屋の外へ出ていっただろうか？　それは疑わしい。そんな戯れを許す余裕は、召使いたちにはなかった。客間に入りこんだら、シュタールはゲームテーブルの上質なベルベット生地に糞をしたり、カードを盗んで混乱を生じさせたりするだろう。訪問客も、整えたばかりの巻き髪にムクドリの糞がつくのを快く思わなかったはずだ――現代のわが家の訪問客が、髪の毛に糞がつくのをいやがるのと同じで（友人の滞在中にカーメンが鳥小屋の外にいるとき、わたしたちは〝うんちシャツ〟――カーメンが糞をしてもかまわないような古着――を手渡し、洋服が汚れないようにしている）。また、ムクドリはなじみのある場所を好む。カーメンにとっては鳥小屋とその周辺だが、シュタールはたぶん、モーツァルトの心地よい仕事部屋に喜んで留まっていたはずだ。

モーツァルトの日々の予定数や仕事量に思いを馳せるとき、わたしは思わず息をのむ。生み出した作品の数たるや、信じがたいほどだ。一七八四年、コンスタンツェとともにカメシナハウスに引っ越した年に、彼はピアノ協奏曲を六つ、ピアノ五重奏曲をひとつ、弦楽四重奏曲をひとつ、ピアノソナタをふたつ、ピアノのための変奏曲集をふたつ、それから短い作品をいくつも書いている。翌一七八五年に書いたのは、ピアノ協奏曲三つ、弦楽四重奏曲ふたつ、ピアノ四重奏曲ひとつと、ピアノソナタ／幻想曲ハ短調、フリーメイソンのための葬送音楽、オペラの三重唱および四重唱曲をいくつか、みごとな小品を数曲、カンタータの一部としてハ短調ミサ曲に加えたアリア。わたしたちはとかく、作曲家や画家といった芸術家の大半がそうだから、彼もまた邪魔のない静かな場所にこもって仕事をし、忠実な妻が幼子を静かにさせて、天才である夫のプライバシーを守っていたものと想像したがる。だがモーツァルトの家では、これはおよそ現実とかけ離れた光景だ。コンスタンツェはヴォルフガングがこよなく愛した伴侶だが、フォルクマール・ブラウンベアレンスが執筆したみごとな伝記『ウィーンのモーツァルト（Mozart in Wien）』によると、彼女はけっして「一日じゅう洗濯や料理に精を出して、夫が平穏に仕事できるよう子どもたちを遠ざけておく良妻ではなかった。モーツァルトの家は騒々しくて落ち着きがなかったが、子どもたちのせいにするには、その影響はあまりに小さい。それよりも、音楽がらみの要因――生徒たち、ホームコンサート、リハーサル――や、モーツァルトがにぎやかな環境――会話、笑い声、たいていは宿泊していく訪問客たち――をつねに欲したことが大きかった」という。

モーツァルトの家が音楽に満ちていたのは、よく知られている。彼はウィーン市内のあちこちを駆けまわってはいたが、家でも毎日数時間は過ごして、作曲や演奏をし、生徒に教えていた。考えごとの最中には、レチタティーヴォ（叙唱）で独りごとを言ったと言われている。コンスタンツェはすばらしい声の持ち主で、レース編みや縫い物をしながら、あるいは子どもたちを追いかけたりあやしたりしながら歌っていた。一七八八年の夏に、コンスタンツェの義兄であるヨーゼフ・ランゲ（モーツァルトが若いころ熱烈に恋したコンスタンツェの姉のアロイジアと結婚した人物）が、デンマーク人俳優ふたりを含むにぎやかな劇場仲間をともなってモーツァルト家を訪れている。デンマーク人のひとりがつけた下記のすばらしい日記から、モーツァルトの家庭生活の一片がうかがえる。

かつてないほど楽しい音楽の時間を過ごした。この小柄な巨匠がペダルピアノで二回、みごとに！　みごとに！　即興演奏をしたものだから、それはもうわくわくさせられた。おそろしくむずかしい楽節を、おそろしく美しい主題と絡みあわせたのだ――彼の妻が写譜職人のために鵞ペンを削り、生徒が作曲し、四歳の男の子が庭を歩きまわってレチタティーヴォを歌う――早い話が、このすばらしい男をめぐるすべてが音楽なのだ！

この客はすっかり魅了されて日記を書いたわけだし、ヴォルフガングもここぞとばかりに才能をひけらかしたはずだが、モーツァルト家の日常生活に関するほかの記録もほぼ似通っている――音楽と家庭生活の喧噪、そのまっただなかで上機嫌な作曲家。モーツァルトが溺愛する子どもたちと、犬と、生徒たち。女性の生徒は慣習上、お目付役がいる自宅で教わったが、男性の生徒は仕事部屋に通っていて、才能がとくに認められた若者は数カ月から一年ほどこの家で過ごし、家族として扱われた。モーツァルトはこうした混乱状態のなかで作曲してのけたばかりか、どの記録を読んでも、この状態を好んでいた。背景音や喧噪は支障になりかねない。ヴォルフガングが頭のなかで曲をこしらえているとき、表面的な動きはさして変わらないが、顔つきがどこかぼんやりし、あたかも遠い鳥の歌に耳を傾けるかに見えたあとで、またペンをすばやく走らせたという。シュタールは仕事の妨げにはならなかったはずだ――少なくとも不快な存在ではなく、愉快で必要不可欠で神聖とさえ言える混乱の一要素だった。

レオポルトは、ヴォルフガングとコンスタンツェの結婚後に一度だけふたりを訪問した。一七八五年三月にやってきて一〇週間滞在したが、訪問前は家政と結婚生活のありように慄然とする覚悟でいた。ところが、意外にもコンスタンツェの経済観念に感心し、家庭内の活気に魅了された。ザルツブルクにひとり残してきたナンネルに、次のように書いている。「この慌ただしさといったら、いちいち書き送ることなどできません。わたしが来てから、おまえの弟のピアノは、少なくとも一二回は劇場かべつの邸へ運ばれました」この状態が絶え間なく続いた——気むずかしいマエストロは演奏に自分の楽器を使いたがり、そのせいで二、三日ごとにピアノを移動させるはめになった。その年のはじめに、モーツァルトは友人にして師でもあるヨーゼフ・ハイドンに捧げる一連の弦楽四重奏曲を作曲したが、正式に献呈する前にハイドン本人の意見を聞きたがった。レオポルト・モーツァルトの訪問中、ドームガッセのアパートメントにハイドンを招いて小さなパーティーが催され、これら四重奏曲が演奏されて、ヴォルフガングがヴィオラを、レオポルトが第一ヴァイオリンを担当した。演奏後、ハイドンはレオポルトに例の有名な感想を述べた。「誠実な人間として神に誓って申しあげるが、あなたのご子息は、わたしが個人的に、いや名前だけ知っているどんな作曲家よりも偉大です」（モーツァルトハウス博物館の簡素さにはなはだそぐわないが、時代がかった細い装飾文字でこのせりふが客間の壁に記されている）。わたしの想像のなかでは、レオポルトの細長い顔はほぼいつも、心配そうな険しい表情をした、いわばモナリザの微笑みの不機嫌版として浮かんでくる。それでもなお、彼がこの賛辞に感じた喜びは、隠しきれなかったはずだ。

その夜は、モーツァルトにとって輝かしいものだった。ハイドンは四重奏曲を気に入ってくれ、父親は誇らしげで、客間は蝋燭の煌々たる光と錦織のさらさらという音に満たされている。わたしはこの開放的な明るい部屋の窓辺に行き、玉石敷きの狭い歩行者通路や、感じのよい建物群や、せわしないグラーベン通りの向こうにある、ピンク色のペチュニアに囲まれたお気に入りの小さなカフェを見おろした。そして目を閉じたとき、音楽が聞こえてきた。

　わたしの推測がまちがいでなければ、その夜に奏でられた曲には、四重奏曲の一般的な楽器編成とはちがう層が、もうひとつあっただろう。モーツァルトの仕事部屋は、そしてさきほどの結論が正しいならシュタールの籠も、部屋をわずかひとつ挟んだところだ。ある著名な神経心理学者は「音楽にかかわりたいという気持ちを自然に生まれつき持っているのは、人間だけだ」と書いた。わたしがこのくだりを食卓で朗読すると、みんな大笑いした。この科学者はどうやら、ムクドリと暮らしたことがないらしい。わが家で音楽が生演奏されると、カーメンは性格的に黙っていられない。ぴょんぴょん飛んで羽ばたき、それからムクドリらしさ全開で生き生きと歌いだす。口笛のカデンツァ、さえずり、〝ハーイ、カーメン！〟〝ハーイ、ハニー！〟、ワインストッパーの音、さらなる口笛。自由奔放に、喜びにあふれて。こうした機会はたくさんある。娘のクレアは音才に恵まれ、一日に何時間もチェロを奏でているが、ピアノ、マンドリン、ギターも演奏する。わたしはアイリッシュハープに、ヴァイオリンとピアノを少しずつ。トムは――ええと、トムはカウベルの担当だ。わたしたちはたいていカーメンの参加をそのまま楽しみ、音楽の一要素として聴く――作家と演奏家で構成されたちょっと風変わりなわが家では、当たり前の光景なのだ。だが、クレアがオーディションのためにチェロ演奏の録音をしたり、本格的なホーム・コンサートを催したりするときには、邪魔になることもある。雑音のない録音が必要な場合、わたしは書斎にカーメンを連れてあがるが、あるとき、格式の高いフェスティバルの録音オーディションで注釈を加えるはめになった。完璧な演奏をしたクレアが、チャイコフスキーに〝ハーイ、カーメン！　キスして！〟がかぶさっているのを聞いて泣きだしそうだったのだ。〝どうか鳥の声をお許しください。わたしたちはペットのムクドリを飼っています。モーツァルトもそうでした〟

カーメンだけではない。ムクドリはみんなそうする――音楽に加わるのだ。ハイドンの四重奏曲が演奏された夜に何が起きただろう？　モーツァルト一家はシュタールの籠に毛布をかけて、音楽に必ず誘発される大きな口笛音やさえずりを抑制しようとしただろうか。部屋の扉を閉じ、シュタールの歌声が入ってこないようにしただろうか。おそらく、否。レオポルトは息子に負けず劣らず鳥が好きだった。グルデン金貨を一〇〇枚賭けたっていい。彼らはそろって笑い、各部屋のドアを大きく開いて、家庭内オーケストラのもうひとつの調べを楽しんだはずだ。

第六章　ムクドリはどうやって学んだのか

わたしはカーメンに特定の単語やフレーズを教えはしなかったが、モーツァルトのピアノ協奏曲第一七番ト長調の主題を覚えさせようとはした。モーツァルトの支出簿から、このフレーズをシュタールが歌えたことがわかっている。もしかしたら、これはムクドリが一般的に反応する旋律かもしれない。いずれにせよ、カーメンがシュタールの歌を覚えたらこの物語にすばらしい趣きが加わるだろう。わたしはそう考え、どんな動画を作成してユーチューブに投稿しようかと思いをめぐらせた。カーメンがこのマエストロの肖像画のそばで歌い、背景には飛翔するムクドリの群れがあり、やがてフルオーケストラがこの旋律を演奏しはじめる……。というわけで、カーメンがまだデスクの上でカッテージチーズの容器を巣にしていた雛のころから、一日に少なくとも三〇回は自分のヴァイオリンでこの協奏曲のモチーフを弾いてきかせた。書斎の片づけをする最中は、この調べを口ずさんだ。オーケストラの録音をiPodに取りこみ、買い物に出かけているあいだはそれを流した。カーメンは自家製のムクドリ用すり餌とモーツァルトをせっせと与えられて育ったのだ。

結局、カーメンはそのモチーフを学ぶ気がさらさらないことが判明した。とはいえ、生後二カ月ごろには、ヴァイオリンの学習に強い関心を示した。この子は、世界じゅうで唯一、わたしの演奏を楽しんでいるように見える生き物だ（一度、窓をあけ放ったまま練習したところ、近所の犬三匹がいっせいに吠えはじめた）。当時、カーメンがヴァイオリンを学ぶお気に入りの場所は、弓の先端だった。生後二カ月の標準サイズで、重さはわずか六〇グラム足らず。それでも、弓にムクドリを一羽乗せて演奏するのはむずかしい。成鳥となったいま、カーメンはヴァイオリン頭部の渦巻き《スクロール》に止まって、弦と弦のあいだをこじあけるのが好きだ。二本の弦のあいだに突っこんだ嘴を大きく開き、それから引き抜くと、弦が二本とも鳴る。これが、どうやら楽しいらしい。なのにモーツァルトのモチーフは、かたくなに覚えようとしない。ムクドリは年々あらたに発声を学びつづける数少ない鳴き鳥なので、わたしはいつか驚かしてくれるという希望を捨てきれない。きれいな旋律だし、シュタールは新しい飼い主と共有するモチーフとして、これ以上美しいものを選べなかっただろう。

わたしは先ごろ、このピアノ協奏曲ト短調をシアトル交響楽団の演奏で聴いた。国際的名ピアニストのイモージェン・クーパーが弾き振りをした演奏だ。彼女はステージの大きな扉をくぐって、赤いサテンをまとったカシの木よろしくステージに立った——威厳たっぷりに、力強く、どっしりと。この協奏曲が始まると、わたしたち聴衆は取り巻く音になじむ間もなく、モーツァルトの曲によって、人間の感情のこのうえない奔流に真っ逆さまに投げこまれるが、その急転があまりにも美しいので抵抗する気になれない。モーツァルトはいつも美と調和を旨とし、いかに暗いテーマであれ、どちらもないがしろにしなかった。レオポルトに宛てた一七八一年の有名な手紙にはっきりと書いてあるが、これは現在、彼の音楽哲学の表明にして、ウィーン古典派の基礎をなす声明とみなされている。「情熱は、激しいものだろうとなかろうと、嫌悪感を催すほど表現してはなりませんし、音楽は、いかに恐ろしい場面でもけっして耳に不快であってはならず、つねに楽しませてくれるもの、つまり、どこまでも音楽であるべきなのです」

この協奏曲には三つの楽章、アレグロ、アンダンテ、アレグレットがある。第一楽章のアレグロでは、モーツァルトはひとつの主題から次の主題へとよどみなく、熟練者らしくいかにも自然に進めていく。思いがけないキーへじつになめらかに移るので、わたしたちは不穏さを覚えるのを忘れ、なんとも言えない喜びを感じる。ここでは木管楽器が演奏の多くを担う。わたしたち現代の聴衆はそのことに気づきさえしないだろうが、モーツァルトの時代には、木管楽器が強く主張するのはめずらしかった。美しく快活なアレグロのあとで、暗く静穏なアンダンテがとばりさながら聴衆の上に降りてくる。出だしは妙なる弦の調べだが、およそ二〇秒後にいきなり止まる。ただ止まるのだ。オーボエとバスーンがその沈黙を拾い、浮遊するフルートのソロ演奏の背後で歌う。そしてようやくピアノが登場する、まったくの単独で。こうした劇的な休止が続くせいで、わたしたちは絶えず、オペラの名作曲家の手のうちにあることを思い知らされる(この曲以降、モーツァルトの協奏曲や交響曲にオペラ的な要素が増えていくのだ)。いまやピアノが、この協奏曲のことばなきアリアを歌っている。思いがけない和声や、聞き慣れないキーへの介入。イモージェン・クーパーのカシの幹みたいな動きを見逃したくなくて、わたしは目を閉じられない。彼女はその胴体を、枝代わりの腕を、眉毛を用い、制約はあるが劇的な動きで指揮している。目を開いた状態でも、わたしは想像の森に囲まれているのを感じる——土、霞、木々に覆われて、神秘的だが暗い場所。そしてフルートは、わたしの耳には、牧神の笛だ。

休息はない。アレグレットはいきなり、ト長調の救済とムクドリのモチーフの最初の音へと飛び移る。暗い陰が雲散する。予想されるロンドではなく、モーツァルトはこの主題の五つの変奏を送り出し、フィナーレでは惜しみなく旋律をつなぎあわせて疾走し、シュタールのモチーフがピアノのカデンツァの奔流に何度も浮かびあがる。

鳥はほかの作曲家よりもモーツァルトを好むと言われており、もしかしたらそれは事実かもしれない。だが、カーメンはちがう。彼女はバッハとブルーグラスのほうが好きだ。喜びにあふれんばかりの反応からすると、お気に入りのバンドもある――グリーンスカイ・ブルーグラスだ。モーツァルトのこの美しい協奏曲が流れるあいだ、カーメンは無反応でわたしの肩に止まり、いかにもあくびをしそうに見える。だが最後の楽章が始まると、急に活気づく。わたしの手に飛びおり、目をじっと見て、〝ハーイ、カーメン！ハーイ、ハニー！〟と声をかけてから、自分なりの甲高いムクドリのアリアになだれこむ。ここには、この子を刺激する何かがある。だれをも刺激する何かがあるのだ。シアトル交響楽団の演奏プログラムの解説には、アンダンテの二楽章の「沈うつへの志向は、その次の活気に満ちた変奏にかき消される」とある。だが、わたしの聴くかぎり、それはちがう。沈うつはいぜん残り、実在というよりは夢想に近いかもしれないが、じっと傾けた耳に留まりつづける。活気あふれるフィナーレは暗さを内包し、かくまい、贖《あがな》う。しかし、忘れてはいない。

モーツァルトの音楽の大半はそうだが、この協奏曲も異なるふたつの層に向けて書かれている――ひとつは音楽の素養のない耳がただ楽しむため、もうひとつは音楽に精通した耳のため。大衆の人気を維持しながら、自分の天才レベルの関心を保つには、この手法しかなかったのだろう。ある有名な逸話で、オペラ『後宮からの誘拐』の初演にヨーゼフ二世が臨席し、終演後に「われわれの耳には美しすぎるし、おびただしい数の音だな、モーツァルトよ」と感想を述べたのに対し、この大作曲家は「ちょうど必要な数だけです、陛下」と答えたとされる。ピーター・シェーファーが劇および映画『アマデウス』で描いたこのやりとりは、もっと痛烈で、創造的な精神へのちょっとした賛歌となっている。

ヨーゼフ二世　おお、来たか。明快で、ドイツ的。よいできだ。ただ、音の数が多すぎる。そうは思わぬか?

モーツァルト　必要な数だけの音です、陛下、多すぎでもなければ、少なすぎでもありません。

このやりとりの真実性を疑問視する学者は多く、わたしも意見を同じくするが、それでも、これはモーツァルトの偽りなき葛藤をとらえている。新しい音楽の着想で頭が爆発しかけていた若き作曲家。彼は皇帝の支援を必要としていたのに、一般大衆にせよ支配階級にせよ、聴衆はその独創性の全開にまだ心の準備ができていなかった。伝記作家のメイナード・ソロモンは、この逸話の細かい点は信頼性が低いかもしれないが、次に皇帝がドイツ語オペラを後援したとき、モーツァルトは喜劇的なジングシュピール〔十八世紀から十九世紀なかごろに、ドイツで流行していた民俗的な音楽劇。ドイツ語が用いられ、喜劇的な内容が多かった〕しか書かせてもらえなかった、と述べている。

ここまで読んだかたはもう、ムクドリが簡単なフレーズを模倣できることには驚かないだろう。とはいえ、この鳥がモーツァルトの旋律を**どうやって**覚えたかについては、さまざまな説が流布している。この協奏曲の簡単な解説、ライナーノート、演奏プログラムにも、断定的だが裏づけのない説明が散見される。

いわく、ムクドリがこのモチーフをモーツァルトに教えた。逆に、モーツァルトが自分のモチーフに似た響きの民謡をムクドリがさえずるのを聴いた。さらに驚きなのは、「モーツァルトがペットのムクドリにピアノ協奏曲ト長調の一楽章分を丸ごと教えこんだが、この鳥はいつもふたつの音を半音さげて歌った」というものだ。この「一楽章分を丸ごと」という主張は——ムクドリがいかに物まね達者でも——途方もない誇大表現だ。そもそもシュタールの歌は、ふたつの音が半音さがっていたのではなく、ひとつの音が半音あがっていたことが、モーツァルトの支出簿の記譜から判明している。まっとうなムクドリが、音をさげて歌うなんて失態を堂々とやらかすだろうか。

シュタールがこのモチーフをモーツァルトに教えた——この鳥が自分の歌を歌って、モーツァルトがそれを協奏曲用に編曲した——という奇抜な記述もちらほら見かける。こうした主張は、断片的な情報だけで憶測する人によって唱えられたものだ。モーツァルトはなるほど、のちの作品にムクドリっぽいリズムやシュタールに着想を得た人物造形を組み入れているが、問題の協奏曲はモーツァルトがムクドリを自宅に連れ帰る一カ月あまり前に完成しているわけで、ことこの曲に関しては、そうした主張をするのはほぼ不可能だ。とはいえ、この説を愉快に脚色した子ども向けのかわいらしい本がある。ステファン・コスタンザ作『モーツァルトとビムスさんのコンチェルト』のなかで、モーツァルトは締切に迫られ、ひどいスランプに見舞われていた。

生まれてはじめて、どうしても曲がうかんできませんでした。このゆうめいな作曲家は、何か思いつかないかとあれこれやってみました。さかだちをして歌ったり。おふろのなかでヴァイオリンをひいたり。さらには、まっさらな五線紙にダーツを投げてみたり。だけど、どれもききめはありません。

この鳥のさえずりが曲の主題に使えそうになってきたのに、モーツァルトがペンを紙にあてようとしたとたん、鳥が窓から飛んでいった。彼はひどく打ちひしがれ、旋律を書きあげるためにこの鳥を見つけなくてはならなかった。そんなふうに、この本では語られている。ムクドリがミューズの役割を果たしたのはまちがいないが、この鳥がほかならぬこの旋律をモーツァルトに教えたというのは信じがたい。

とはいえ、事実はどうだったのか。いつ、どうやって、シュタールはモーツァルトのモチーフを学んだのだろう。実のところ、包括的に説明がつく可能性はふたつしかない。第二章で披露した物語のとおり、ヴォルフガングが店で購入する前に、シュタールがこのモチーフを学んでいたか、買われたあと、モーツァルト一家と暮らすうちに覚えたか。どちらの説にも、難がある。もし、シュタールが購入される前に(あるいは、購入された時点で)このモチーフを歌えたのなら、いったいどうやって覚えたのか。もし、あとからこのモチーフを覚えたのなら、どうしてモーツァルトはシュタールを買ったときにそのさえずりを記録できたのか。

わたしがウィーンとザルツブルクを旅するあいだ、この問いに対する答えはなんとしても手に入れなくてはならない〝聖杯〟のように感じられた。現地での調査を終えて、文献を調べ、モーツァルトが住んでいた家々を歩きまわり、専門家と話をし、オーストリアの風景に包まれてとりとめない空想を頭にめぐらせるころには、音楽と鳥類学にかかわるこの愉快な謎への解決法をどうにか見出せそうな気がしていた。大きな目で見れば、どうでもいいことだとわかってはいた。なぜって、この物語の真髄を知っているなら、わざわざ秘中の秘を追う必要があるだろうか。それでも、答えを出そうとするなら、二〇〇年以上のあいだに何千人もの探究者が彼らなりの答えを出したのと同じ方法をとるしかない。わたしは、合理的な理由なくひとつの問いを愛せる人、それもおおいに愛せる人の輝かしき好奇心が好きだ。こうした情熱は、たとえばオースティン研究者が、しかるべき埃っぽい屋根裏の床下をのぞきさえすれば、なぜジェーン・オースティンが唯一のプロポーズを受諾した翌日に断ったのか説明する日記が見つかるはずだと信じるのと同じ情熱だ。あるいは、コスタリカの鳥刺しが、カミツキアリやナンベイハブが出るトレイルを忍び足で歩き、この一五年間だれも目にしていない希少なハチドリをひと目見ようとするのと同じものだ。こうした愛情、不可能すれすれの空想として訪れるのに、どうしても頭と心から消し去れない愛情は、いくらでも挙げられる。わたしたちは集められるかぎりのパン屑を手に、希望と愛情をもって、もどかしさと辛抱強さが魔術的なまでに相半ばする状態で道をたどる。今回は、しかるべく追跡すれば、モーツァルトとシュタールの物語の詳しい経緯がわたしの聖杯を満たしてくれる、そう確信できるだけのパン屑があった。だが当然ながら、ことはそう都合よく運びはしない。

客観的事実を述べるなら、オーストリアであれこれ調べてまわっても、自分がすでに知っていた物語の大枠以上のものはほぼ見つからなかった。モーツァルト本人の作品目録から、この協奏曲は一七八四年の四月一二日に完成したことがわかっている。音楽史家は長らく、この作品が極秘とされ、公に演奏されたのは同年の六月なかば、モーツァルトが小さな室内楽団を指揮して、バルバラ・プロイヤー——才能豊かな若き生徒で、彼女のためにこの協奏曲が作られた——がピアノを弾いたときだと信じていた。この演奏会は少人数の選ばれし聴衆を前に、フォン・プロイヤーの田舎の邸宅で催された。もしかしたら、いくつもの大きな扉が栗の木の生えた庭に向かってあけ放たれ、涼しい夕方の風が聴衆の心をやわらげて、ふつうにこの曲を聴くときよりもいっそうロマンチックな気分にさせたかもしれない。

モーツァルトのくだんの支出簿から、シュタールは五月二七日に購入されたこと、ピアノ協奏曲ト長調の旋律を歌えたことがわかる。モーツァルトはしばらく、この小さな手帳に出費をすべて記録していた。ムクドリの直前に購入したのは〝スズラン二本、一クロイツァー〟だ。花と鳥を手に入れたというと、モーツァルトが実像以上にロマンチックに感じられるが、その前後の購入品はもっと散文的で、五線紙、インク、書籍などだった。フランツ・ニーメチェクが早くも一七九八年に著したモーツァルトの伝記では、コンスタンツェが原資料を提供し、この支出簿がおもな参考文献として用いられていた。支出簿に関するもっと詳細な情報が、一八二八年に集められたモーツァルトゆかりの品の目録に見られ、ムクドリについて書かれたページを含む数ページの模写もある。模写についての説明には、ムクドリの歌の記譜はこの鳥の購入記録の〝zugleich folgende〟すなわち〝すぐあとに〟書かれたとあり、彼がこのムクドリを買うと同時に歌を記録したことが示唆される。

支出簿の記述がなければ、いちばん楽な説明は、シュタールがモーツァルト家に暮らしてからこのモチーフを学んだというものだろう。ムクドリはそういう性質《たち》なのだ。群れの日常の音に没頭する——それが鳥の群れであろうと、人間、またはヴァイオリンの群れであろうと。同じ特性を持つほかのムクドリと同じく、シュタールは周囲の環境から好きな音だけを吸収して模倣したはずだ――だが、その環境ときたら！　この筋書きでは、シュタールは仕事部屋で、練習時の演奏かヴォルフガングの口笛によってこの旋律を覚えたことになる。そもそも、モーツァルトが書いた一七番めのピアノ協奏曲の、快活なロンドを歌いたがらない鳥がいるだろうか（へそ曲がりのわがカーメンはべつとして）。美しく、完結していて、陽気なメロディー――ムクドリにはうってつけだ。

以上を踏まえてもなお、メレディス・ウエストは一九九〇年の独創的な論文で、シュタールは店でモーツァルトに買われたときにはもうこのモチーフを歌えた、と主張している。そのおもな論拠は、モーツァルトの支出簿に示された証拠と、ムクドリの習性に関する自分の研究を組み合わせたものだ。さえずりの旋律は改変され、さまざまな主題の混合に組みこまれるという観察結果に鑑みると、この鳥はこのメロディーを覚えたてだったと思われる。というのも、もとの旋律にかなり近い模倣だからだ。したがって、動物好きな人間がよくやるように、モーツァルトが五月二七日以前にすでに店を訪れてこのムクドリと交流していた可能性を、わたしたちは検討する。モーツァルトはよく曲を口ずさんだり口笛で吹いたりしていたという。こうした行動をいかにも誘いそうな鳥を前にして、どうして抑制するだろうか。

先日、わたしがウエスト博士と話をしたところ、この論文が書かれて三〇年近く経ったいまも、これが最も可能性の高い展開だと考えていると語ってくれた。たしかに、筋が通っている。モーツァルトは、さえずる鳥で溢れかえった店に引き寄せられた。当然ではないか。子どものころに鳥を飼い、かわいがっていたのだ。そして、耳にしたムクドリの元気いっぱいのさえずり――一緒に育ったカナリアのものとは、あまりにもちがう声――に、生来の好奇心が刺激された。ウエストは論文で、モーツァルトがさえずりではなくこの鳥そのものに惹かれたと主張し、その裏づけとして、ムクドリと同じく、モーツァルト本人もことばを用いない意思の疎通と視覚的な合図に敏感だったと述べている。彼女が引きあいに出したのは、『魔笛』の上演中にモーツァルトの心を揺さぶった感覚だ。コンスタンツェへの手紙にあるように、このとき彼は、〝沈黙の称賛〟――聴衆が自分の音楽に同調し、入りこみ、心を奪われたという感覚――が、熱狂的な喝采よりももっと喜ばしいことを知った。ムクドリが何かに関心を抱いたときに示すのと同じ反応を、モーツァルトは聴衆に見出したのだ。人馴れしたムクドリは、話しかけるとできるだけ近くまで飛んできて、首をかしげてじっと聴きいる。なんと喜ばしいことか！　モーツァルトは自分の才能をちゃんと自覚していたが、それでも注目を浴びたい、自分の音楽を褒められたいと渇望していた。店を訪れたモーツァルトに、シュタールはまさにこれを与えたのだ。ウエストがこう述べているとおり。

モーツァルトに口笛を吹いてもらえるとは！　まちがいなく、この鳥は傾聴の姿勢をとり、かくして飼い主候補に〝沈黙の称賛〟を返したはずだ。

カナリアやフィンチが店の小さな籠のなかを飛びまわり、はばたき、小さな自分の世界で歌っていたのに対し、玉虫色に輝く一羽の鳥はモーツァルトをまっすぐ見据えて、〝この男の人は次に何を言うんだろう〟〝何を歌うんだろう〟〝何を口笛で吹くんだろう〟と考えているように見えた。モーツァルトはこんなふうに喜んで聴いてくれる相手には抗えない。大切な短いフレーズを口笛で吹いた。繰り返し――四回、五回、と。カーメンが新しいことばを覚えるにはもっと長くかかるが、ひときわ高い才能と意欲を持ったムクドリなら、これほど短い時間でもこのフレーズを覚えられるだろう。たぶん、モーツァルトはもう何度か店を訪れたはずだ。人懐こい新しい友だちの呼び声に抵抗できずに。そして、シュタールがこのモチーフをそうとわかるくらい習得したら？　それはもう、この友人を家へ連れ帰らずにいられようか。

わたしの想像、つまり本書の出だしで紹介した物語は、ウエストの主題の変奏になる。シュタールは購入される前にこのモチーフを覚えたが、モーツァルトが教えたわけではない。そうではなく、彼は鳥がこれを歌うのを耳にして店に入った。まるで、焼きたてのウィーンふうプラムケーキの匂いに誘われたかのように。この展開も、可能性としてありうる。小鳥店はほぼまちがいなくグラーベン通りにあり、この界隈はいまも昔も商業が盛んで、昼夜を問わず買い物客や演奏者でにぎわっていた。モーツァルトがこの協奏曲を作ったのは、グラーベン二九番に住んでいるときで、アパートメントの窓はさまざまな店や売り子が並ぶすぐ上に位置していた。五月はまだこの曲が写譜されているところで、埃が落ち着く雨あがりには春の外気を入れようと窓があけ放たれ、この旋律が外の世界へ、ひょっとしたら一羽のムクドリの小さな耳へと流れ出したかもしれない。シュタールがこのモチーフの断片を覚え、ムクドリの舌で何度も奏でるうちに、モーツァルトの作った調べとほぼ同じ形になる、ということもありえなくはない。そして、いったん身につけたら、繰り返し何度もさえずっただろう――ムクドリは覚えたての模倣音を披露するのが大好きなのだ。

とはいえ、ウエストが論文を発表したあとに浮上した学識のおかげで、シュタールがモーツァルトに出会う前にこの旋律を身につけた方法として、より妥当な説が考えうる。今日では、この曲の初演はもう少し早い日付、すなわち四月二九日に、ヨーゼフ二世臨席のもと、壮麗なケルントナートーア劇場（現在はホテル・ザッハーがある場所）でなされたと推測されている。モーツァルトはふだんから、まさにインクが乾かぬうちに作品を世間に聴かせたがっていたので、そうであってもおかしくはない。しかも、この曲は、当夜演奏されたモーツァルトの最新の曲ですらなかっただろう。というのも、その夜のプログラムはヴァイオリンの名演奏家《ヴィルトゥオーソ》、レジーナ・ストレナサッチを主演として迎えたものだったからだ。ヴォルフガングは四月二四日の土曜日に、父親に宛ててこう書いている。「いま、マントヴァのストレナサッチをこの地に迎えています。じつにすぐれたヴァイオリン奏者で、その演奏には豊かな味わいと感情があふれています」モーツァルトは特定の名演奏家や声楽家向けに曲を作るのが好きだった――なかには、むずかしすぎて卓越した演奏者か歌手でないと歯が立たない作品もある。驚くべきことに、手紙の続きにはこう書かれている。「現在、ソナタを作曲中ですが、木曜日に劇場で催される彼女の演奏会でこれを一緒に演奏する予定です」皇帝の前で演奏されるわずか数日前に曲を作るというのはあまりにも無謀だ。この公演の夜、モーツァルトが鉛筆書きの未完の楽譜でピアノを弾き、カデンツァを即興演奏すると同時に弾き振りをしたことは、有名な（しかも真実の）逸話だ。

現在、多くの学者が、その夜にピアノ協奏曲ト長調も初演され、やはりモーツァルトがピアノを弾いたという見解を、慎重ながらも示している。だとすれば、モーツァルトがシュタールに出会って購入するまでに、この旋律が通りに流れ出た可能性はじゅうぶんある。劇場は、小鳥店があったとおぼしき街区から徒歩一〇分程度の距離で、グラーベン地区の端に位置するホーフブルク王宮前の道を歩いていった先だ（現在の国立歌劇場の近く）。

ならば、演奏会場からムクドリへの道筋は？　もちろん、ウィーン人の有名な口笛だ――道をゆくふつうの人々が、周囲の音楽を吸収して、それを口笛で再現する。ハミングや口笛が、十八世紀のウィーンの通りにあふれていた。当時はラジオも、iPodもない。これら一般大衆の演奏があるだけだ。そして、たとえばこの協奏曲でも、覚えやすいモチーフがアレグレットの楽章で繰り返し現れてフィナーレで再現されているとおり、心に残る旋律の繰り返しは、作曲家から聴衆への意識的な贈り物だった。人々が覚えて家に持ち帰れるフレーズを提供していたわけだ。

モーツァルトは子どものころから、一回聴いただけで交響曲をまるごと完璧に採譜できたと言われている（一七七〇年に、レオポルトは当時一四歳のヴォルフガングと旅行中、システィーナ礼拝堂のミサに出たあとで、自宅にいる妻アンナ・マリーアにこんな手紙を書き送った。「ローマでは、偉大な『ミゼレーレ』のことをよく耳にする。この曲はとても尊ばれているので、システィーナ礼拝堂の演奏者は写譜を禁じられ、禁を犯したら破門される」これは、けっして誇張ではない。レオポルトはこう続けている。「ところが、わたしたちはすでにそれを手に入れている。ヴォルフガングが書き取ったのだ」）。当然ながら、こうした技能を持つ人間はほとんどいない。作曲家が――モーツァルトはその名匠だったわけだが――繰り返し《リフレイン》を用いるのは、曲の芸術性だけでなく、人々の心と耳のためでもあり、おかげで聴衆は覚えやすいフレーズを手に入れて、あとから口ずさむことができる。シュタールは、コンサート帰りの人々が通りで吹いた口笛で、モーツァルトの旋律を耳にしたのかもしれない。いや、さらにありうるのは、ムクドリは個人的なやりとりを通じたときに最もよく覚えるので、この協奏曲の演奏を聴いただれかが店に立ち寄ってこのフレーズを口笛で聴かせ、鳥がすぐに覚えた可能性だ。

このように、シュタールがこのモチーフを習得した経路とおもぼしきものはどれも、知識をもとにした想像にすぎないが、既知の事実も、モーツァルトの伝記も、音楽年表も、ムクドリの能力も何ひとつ誇張していない。すべて理知的に考えうる可能性の範囲内だ。とはいえ、あいまいさは残る。ならば、モーツァルトが家に連れ帰ったのちにシュタールがこのモチーフを覚えて、あとからモーツァルトがノートに記譜を加えたとしたら？　それなら、すべてに説明がつきそうだ。

だが、この仮説にも問題がある。もし、この鳥が一緒に暮らしたあとに覚えたのなら、モーツァルトはまず鳥の購入を記録し、さらにシュタールが旋律を歌いはじめたところで、支出簿をわざわざめくり返して、モチーフの模倣版を記録したことになる。たいした労力とは言えないが、モーツァルトはこと記録を残すことに関しては不得手だった。完成作品の目録は保持していたが、それ以外についてはろくに記録をとっていない。日記はつけておらず、小さな支出簿に購入品を記していただけで、それすらも一年も経たずに途絶えた――この支出簿の最後のほうは、英語の書き取りの練習に明け渡されている。

モーツァルトを探究する大勢の人々と同じく、わたしもこの支出簿を入手したくてたまらない。使われたインクにちがいはなかったか？　奇妙な空白は？　なんであれ、ムクドリの購入記録とはちがうときにこの記譜がなされたことを示す証拠は？　悲しいかな、こうした手がかりを探したくても、支出簿の実物は手にできない――その所在は、いや現存するのかさえ、杳《よう》としてわからないのだ。どこかドイツの大学の迷宮にまぎれこんでいるのか、コンスタンツェの遠い親戚の子孫の地下室で埃まみれになっているのか。実際的、学問的な見地から、この支出簿はなくなったも同然なのだ。

だが思い出してほしい。この支出簿からじかに模写された数ページに関する注釈で、記譜は鳥の購入記録の〝zugleich folgende〟すなわち〝すぐあとに〟あったとはっきりと述べられ、ひいてはシュタールの購入と同時だったことが示唆されている。だとしたら、この資料から導かれるのは、店にいた鳥が一家と暮らす前にモーツァルトの歌を覚えていたのはなぜか、という問いだろう。とはいえ、実のところ、確かなことを知る方法はないわけで、わたしはやがて、どんな説にせよ確実だと主張することはできないと考えるようになった。

この章を書いた当初は、シュタールがモーツァルトの旋律をいつ、どうやって覚えたかについて自分なりにこれがいちばんと思える推測を入れていた。だが、結局は削除した。あとから検討しなおすために〝お蔵入りファイル〟に入れることさえしなかった。天空へ、あるべき場所へと返したのだ。わたしの聖杯は、事実のワインよりも酔いを誘いそうな霊薬で満たされていた——ぬぐいきれない不確かさが渦を巻き、そうした状態に宿る熟成された難題があふれていた。

それでも、明確な事実を追い求める努力には大きな意義があると、わたしは思う。このような、事実に根ざしてはいるが記憶の領域外にある歴史は、どうやっても想像を免れない。わたしたち人間の頭が理解し、事実と思えるようにするために、わたしたちは物語としてこれを語る。だが、知性や実直さよりも自分たちの思いを押しつけたなら、歴史的な物語は真実性を失って価値を減じてしまう。本質的に、モーツァルトとシュタールの物語は美しく、意義深く、そして真実だ。なのに、誇張やくだらない風説によって矮小化され、誤った認識がなされている——このムクドリはモーツァルトにこのモチーフを教えはしなかったし、協奏曲丸ごと一曲を歌いはしなかった。それでも、確証された甘美な真髄はとらえうる。わたしたちにわかっているのは、次のとおり。一七八四年五月、歴史上とくに愛されている作曲家と世界でもとくに愛されていない鳥のあいだで風変わりな友情が始まった。そして、ことの順序はどうあれ、モーツァルトはムクドリの歌を支出簿に書きつけ、論評——Das war schön!（美しかった！）——を加え、クロイツァー硬貨を何枚か支払い、〝蓼食う虫〟よろしく顔をほころばせてこの鳥を家に連れ帰ったのだ。

第七章　チョムスキーのムクドリ

〝ここへおいで《カムヒア》、ハニー！〟トム、クレア、わたしがキッチンに立っていると、カーメンが鳥小屋から呼んだ。わたしたち三人は黙って顔を見あわせた。例によって、大胆な考えをクレアがまず口にした。「あの子が、自分で文を作った」その後だれも口をきかず、ただカーメンだけが〝ここへおいで、ハニー！〟としゃべっていた。

過去に、カーメンは〝ハーイ、ハニー〟と〝ここへおいで〟を音声模倣したが、〝ここへおいで、ハニー！〟は一度もなかった。だから、そう、あの子は単語と、短くはあっても成句をつなぎあわせて、意味をなす新しいパターンを作りあげたことになる。ただ耳にした文をまねるのとは、別次元のことをやったらしい。自分なりの文章をこしらえたのだ。しばらくして、わたしはためらいがちに「あれは文じゃないと思う」と言った。少なくとも、意図したものではない。単語を新しいやりかたでつなげたらたまたま意味を持ったか（カーメンはしじゅう自分のレパートリーを混ぜあわせている）、わたしたちが無意識に〝ここへおいで、ハニー〟と呼びかけているのを聞いて覚えたか。短いながらも意図的に文をこしらえるなんて、ありえないではないか？ たぶん、そのとおり。だが、カーメンから、そして鳥と言語にかかわる現行科学から学んだことがらを踏まえると、その可能性を一笑に付す気にはなれない――ムクドリについても、美しく謎めいた声を持つ、人間以上の世界のどんな生物についても。*

観察対象のムクドリの声を見つけるのは、いともたやすい。一年のどの時期でも、歩道を歩けば、電線に止まったムクドリの下に立てる――都会で愛用されている止まり木だ。高い口笛音や、ギーギー、チッチッなどの長々とした寄せ集めを耳にすると、脈絡のないごたまぜの音と結論づけたくなる。だが、現実はちがう。少し注意を傾ければ、すぐに反復進行《シークエンス》を見出せる。たしかに、ムクドリはときどき、見たところでたらめに口笛音や模倣音やさまざまなおしゃべりを繰り返すことがある。だが成鳥が、頭を上空へ向けて五秒、二〇秒、長くて四五秒ほどさえずるとき、その歌は容易に判別できる断片からなり、それらが予測可能なパターンで登場する。まずは、口笛音。長くて荒々しい、やかんのような音で、音域内を激しく上下する（カーメンのような飼育下のムクドリと対面し、何か物まねしないかと待ちかまえている人々は、ときどきこれに惑わされる。「やかんのまねをしている！」と、カーメンの口笛音を聞いた訪問客は嬉々として告げるのだ――悲しいかな、あの子はさまざまな生活音を模倣するが、ことこれにかぎっては、古きよき野生のムクドリの声にすぎない）。口笛音のあとに小休止があり、それから自分なりに音をつなげた持ち歌が披露される。模倣音あり、ほかのムクドリから学んだ音あり、非凡なムクドリの頭でこしらえたものありで、すべてがその個体独自の順番でまとめられる。文献によれば、一羽の鳥の持ち歌には六から三〇程度の音があるらしいが、カーメンの歌から考えるに、才能豊かな野生の鳥の場合、その数は現在の予想を上まわるだろう。個人的には、カーメンは模倣の達人に思えるが、ムクドリの世界ではごく平均的だ。一五の模倣音を持ち（あくまで、わたしが認識したかぎりでは――たぶん、実際はもう少し多い）、つねに学びつづけている。雌も

＊この〝人間以上の世界〞という刺激的な言い回しは、二〇年前に、哲学者のデイヴィッド・エイブラムがその著書『感応の呪文』で最初に使った。以降、環境文学では好んで使われる表現となった。

音声模倣が得意とはいえ、才能のある雄は平均的な雌よりも多くの音を――そして、より複雑な音を――まねる。世界じゅうに何百万羽とムクドリがいるのに、早熟な雄の歌い手の上限が三〇というのは信じがたい。

最初の口笛音と持ち歌のあとで、またもや小休止がある。雄はここで、クリック音やラトル音を披露する。これはふつう雌が出さない音なので、鳴き声で雄か雌かを見分けるのに役立つ。[*]歌の最後は、口笛音のクレッシェンドだ。はじめの部分とはちがい、より速く、明瞭で、変化に乏しく、たいていは音が大きい。以上が、ムクドリの歌の完成形になる――口笛音、持ち歌、ラトル音、クレッシェンド。部分部分で少しちがうかもしれないが、総じてこんな感じだ。モリツグミの甘やかなやわらかい笛の音ではない。なんとも自由奔放。ムクドリ的ないかれた華麗さ。小さな一羽の鳥からこれがほとばしり出る。だが、彼らは自分の歌のパターンが原因で、その小さな体と頭を学問的な――科学的でもあり、詩的でもある――議論の渦に投げこまれたことを露ほども知らない。その議論では、生物学、言語学、芸術、音楽、意識、そして――もちろん――人間の自我が入り混じり、舞い踊り、ぶつかりあっているのだ。

一九五〇年代に、マサチューセッツ工科大学の才気あふれる若き言語学者、ノーム・チョムスキーが、人間の言語の本質と独自性について真剣に思いめぐらした。当時は、言語関連の学問を含めた社会科学のすべてが行動主義に支配され、人間、動物いずれの心理学的研究でも、観察や測定の可能な外的行動が唯一の妥当な研究領域とされた。行動主義は、実験的設定において人間と動物の反応を定量化し、心理学などのいわゆるソフトサイエンスを、数学や化学といったハードサイエンスらしく見せることから、一九四〇年代の科学界で支配的立場を得ていた。たとえば意識など、あいまいで不可知なものの研究は辺地へ追いやられて、行動主義の手法が助成金と一流雑誌への掲載をほしいままにしていた。言語の分野では、行動主義の先駆けであるB・F・スキナーが、子どもは正しい語法を肯定的に強化されることによって、単語と文法を身につけるのだと主張した。たいていは、反応の形で報酬が得られる――目と目が会ったり、おとなに注目してもらえたり、正しいことばで要求したチョコレートケーキを手にしたり。こうした報酬は、スキナーに言わせると、実験用ラットが正しいボタンを押したあとで〈ピュリナ・ラブ・チャウ〉ペレットをもらえるのと同じだった。[**]

---

*これはおおむね正しい。雌のムクドリのおよそ一〇分の一が、これらの音を出す能力を持っているようだ。あるいは、生理学的にはすべての雌が能力を持っているのに、用いる個体の割合が少ないだけかもしれない。

**〈ピュリナ・ラブ・チャウ〉は、現在〈ラブダイエット〉と呼ばれ、実在する。わたしは大学時代にこれを知った。ある日、面接のため心理学の教授のオフィスを探していたところ、扉に〝動物実験室〟と表示された部屋の前を通った。自分が通う教養大学に、よもや動物実験室があるとは知らずにいた。なかに入ると、齧歯類でいっぱいの引き出しがたくさんあり、わたしは残らず開いてみた。最後の引き出しに、ふわふわのシベリアン〝テディベア〟ハムスターが六匹いた。ハムスターのこの品種は群れが苦手で、狭い空間ではとくにそうだ。攻撃的になり、共食いすることさえある。この群れの場合、かわいらしいクリーム色の長毛の雄に敵意が集中しているらしく、体が噛み痕だらけで、耳の一部が囓り取られ、数箇所の傷から血を流していた。その瞬間、自分がだれかの論文研究を台無しにするかもしれないとは思いもせず、出血しているハムスターをとっさにつかみ、上衣の左ポケットに入れて、すばやく部屋を見回した。だれもいない。そこで、壁にどさりともたせかけてあった〈ピュリナ・ラブ・チャウ〉の大袋から、固くて四角い餌を右のポケットにひとつかみ押しこんだ。このハムスターのディオゲネス(哲学専攻だったので、そう命名した)は、何年も幸せに生きた。

チョムスキーはスキナーの著書『言語行動』について痛烈な論評を書き、カントのヒュームに対する反応と同じく、〝独断のまどろみ〟から目覚めて自説を発表した。そして、子どもが一度も聞いたことのないパターンで文法的に正しい文章をこしらえることを指摘し、指導と報酬だけでは人間の言語学習の複雑さを説明しきれないのを示した。やがて彼は、人間には生得の言語能力、すなわち〝言語器官〟があり（この呼称は誤解を招きかねない。というのも、個別の肉体組織に存在するとは言えないからだ）、人間の言語は、うわべがいかに異なっていようと、すべてに共通する普遍的かつ不変の規則を持っているのだと信じるようになった。これが、チョムスキーの普遍文法だ。わたしたちはこの言語規則を用いて単語を組みあわせ、節を作り、それらの節を文に組み入れて、意味を生み出す。

そのうえ、人間はただ、ラットが尾を伸ばすように、語句をひたすら加えて文を作るわけではない。文に句を埋めこむことも多い。言語学者が再帰性と呼ぶものだ。例として、「モーツァルトはヴァイオリンを弾いた」という短文を見てみよう。ここに、直線的に情報を加えることができる――「モーツァルトはヴァイオリンを弾いたし、鳥が好きだった」あるいは、構文的技巧である再帰を用いて、もとの文に追加の情報を埋めこむこともできる――「鳥が好きだったモーツァルトは、ヴァイオリンを弾いた」この文に、さらに埋めこむこともできる――「鳥が好きで、現に一羽のムクドリを肩に乗せて作曲したモーツァルトは、ヴァイオリンを弾いた」息の長さと記憶力がおよぶかぎり、この過程は延々と続けられる。動物の多くは、直線的なやりかたで意思の疎通をする。クジラ目の哺乳類、象、ミソサザイ――どれも、最初のモチーフに次から次へとモチーフを加えて発声を複雑化させる。だが人間は、再帰を用いることで、あたかも開花するシャクヤクのように、内側から文を成長させて意味を作れるのだ。チョムスキーは、この再帰の能力は人間に固有であり、ほかの生物のあらゆる意思疎通形態から人間の言語を区別する規定的な特性だと考えた。

そして自説を強化するために、二〇〇二年、ハーヴァード大学の生物学者にして心理学者のマーク・ハウザーおよび、スコットランドのセント・アンドルーズ大学の言語学者であるテカムセ・フィッチと論文を共同執筆し、『サイエンス』誌に発表した。この「言語能力——それは何か、誰が持つのか、どう進化したのか?」という論文において、三人の研究者は、人間の言語とその発達に関してほかと区別できる特質を明らかにしようとした。文献を徹底的に調べ、人間と動物の意思疎通のありようを比較し、共通する特質をひとつずつ除去していった。たとえば、記憶は言語にとって必要不可欠だ。なぜなら、ハウザーがあるインタビューで述べたとおり、「複数の文を脳内に保つことができなければ、何ひとつ理解できない」からだ。「しかしながら、記憶は［人間の］言語に固有ではない」と彼は言う。動物のなかにも、意思の疎通に記憶を用いる種がいる。したがって、記憶は〝人間の言語に特有〟のリストからはずれる。このように、言語の特質をひとつずつ吟味していったところ、人間の言語のみ示すと言えそうな特質がひとつだけ残った——再帰性だ。

この仮説を検証する目的で、ハウザーとフィッチは、人類以外で複雑な発声能力を持つ霊長類が再帰的なパターンを認識できるかどうか調べるための実験を構築した。そしてワタボウシタマリンという、コロンビア原産の小さな美しい新世界のサルを選んだ。これが選ばれたのは発声が複雑だからだが、その姿を目にしたら、かわいらしさで選ばれたと思うかもしれない。世界でも最小級の霊長類で、黒っぽい顔を白いふさふさのたてがみが取り巻いている。目は力強く見開かれ、好奇心満々。その表情はなんだか、〝いいですとも、再帰性を研究しましょう！　さあ、さあ！　まずは何をしましょうか〟と言っているように見える。ハウザーとフィッチは、簡単な人工言語をこしらえることから始めた。単語は男性か女性が発する短い音、たとえば〝リ〟や〝モ〟で構成される。男性と女性の声は高さがちがうので、だれでも簡単に聞き分けられる。科学者たちはふたつの規則を用いて、音の組みあわせ――つまり、短い文――を作った。ひとつめの規則は、じつに単純で、女性の音の次に、必ず男性の音がくることだ。音のグループAとBがある場合、この単純な規則でＡＢＡＢといった短い文が生まれる。ふたつめの、やや複雑な規則では、ＡＢという一対の女性と男性の音を、もう一対のＡＢのなかに組みこんで、Ａ（ＡＢ）Ｂを作る。

ワタボウシタマリンを評価する基準を設けるために、研究者たちはまず人間で、実のところ何も知らない若いハーヴァード大の学生で実験し、彼らが両方のパターンを認識できるようになるか確かめた。三〇の文を聴かされたあとで、学生たちは新しい文で試された。八〇パーセント以上が、再帰的な文のパターンを正しく認識できた。そこで、ハウザーは実験室のサルで実験した。夜に、パターンに忠実な録音をワタボウシタマリンに繰り返し聴かせて、朝にもう一度、パターン違反の録音とともにこの録音が流された。新しい音と認識した場合、サルたちはスピーカーのほうを向いて熱心に耳を傾ける。ハウザーによると、サルたちはＡＢＡＢパターンが破られたときには気づいたが、Ａ（ＡＢ）Ｂパターンの違反は見分けられなかった。チョムスキーはこの結果にいささかも驚かなかった。

ちょっと困った補足説明をしておくと、このワタボウシタマリンの研究が発表された数年後、ハウザーと同じ専門分野の学者たちが結論を疑問視しはじめた――そして彼の研究倫理も。ハウザーはハーヴァード大学の著名な終身教授だったが、二〇〇七年に、科学における不正行為の疑いで内部調査が開始された。二〇一〇年には、疑惑が公になって、彼を取り巻くスキャンダルが噴出した。ワタボウシタマリンが再帰的なパターンを認識できなかった件については、ハウザーの報告にうそはなかったが、アメリカ合衆国保健福祉省の研究公正局は、二〇〇二年に発表された前述の論文と進行中のべつの研究において、タマリンの実験のほかの点で複数の不正行為――データ捏造、研究手法に関する虚偽説明など――があったと認定した。ハウザーは結果的に、ハーヴァード大学を辞した。この研究は、チョムスキーら言語学者の結論を先鋭化させただけに思えた。ところが、これをきっかけに、べつの動物を使った重要な研究が行なわれ、それがさらなる議論を呼ぶことになった。

カリフォルニア大学サンディエゴ校の神経生理学者、ティモシー・ゲントナーは、ワタボウシタマリンの研究を（ハウザーのスキャンダルの前に）知って、すぐさま考えた。〝うちの鳥たちも、同じことができる〟と。彼は長年、ムクドリを研究していた。とはいえ、もともと鳥そのものや、野鳥観察や、鳥類学に関心があったわけではなく、テナガザルを経由してムクドリに到達したのだ。彼は大学卒業後の夏期休暇にこれといった職がなく、シアトルのウッドランドパーク動物園でガイドのボランティアを務めた。そして、フクロテナガザル――マレーシア、スマトラ、タイ原産の体毛が黒い大型のテナガザル――の日々の発声を耳にした。このサルは歌を歌うことで知られ、動物園では長らく人気の高い霊長類だった。雄と雌が儀式的な二重唱に興じ、雄の朗々と響く声は文字どおり一マイル〔約一・六キロ〕先からでも聞こえる。動物園周辺に住む人なら、これが事実だと証言できるだろう。戸建てであろうがアパートであろうが、近隣住人はすべて、食事や睡眠やロマンティックなひとときをテナガザルのとどろき声に邪魔されて（あるいは、応援されて）いるのだ。

ゲントナーはジョンズ・ホプキンズ大学で心理学専攻の大学院生になっても、頭からフクロテナガザルをふり払えなかった。動物の発声様式と、可能ならば、それが人間にとってどういう意味を持つのかも研究したいと考えた。まずは研究室にいるムクドリから始めるよう、指導教授に提案され、まっしぐらに突き進んだ。「この鳥について知れば知るほど、いっそう好奇心が湧いたんですよ」と彼は話してくれた。「ずっと驚かされっぱなしです。とても順応性が高く、とても利口。ぼくが投げかける問いに、ひとつ残らず、何かしら答えをくれています」ワタボウシタマリンの研究が発表されたころには、彼はもうムクドリを何年も研究していた。そして、自分のムクドリなら、タマリンが認識できなかったパターンを認識できると確信した。それどころか、さほどむずかしくはないはずだとさえ考えた。ゲントナーは観察を通じて、ムクドリの雄も雌も、さまざまな鳴き声を組みあわせて独自の持ち歌を作ること、その持ち歌で互いを識別していることを知っていた。「ムクドリは順序にたいそう注意を払っています。だから可能だとわかっていました。ただ問題は、どうやってそれを確かめるかでした」

ハウザーと同様、ゲントナーも単純な言語をこしらえたが、彼のものはムクドリっぽい音をもとにしていた――さえずりとラトル音だ。そして一一羽の鳥で検証し、ときには一〇〇〇回も試行したが、うち九羽が九〇パーセント以上の確率でA（AB）Bパターンを認識できるようになり、習熟度が増すと、もとの一対のあいだに三対の新しい組みあわせを埋めこんでもパターンを識別できた。

人間にとってどういう意味を持つかについては、労せずに得られた。「わたしたちの研究は、いわゆる正統派の見解、人間の言語の特質はこうしたパターンを認識できる比類なき能力だとする見解への反証となりました」ゲントナーはそうきっぱりと告げた。「鳥にもこうしたパターン化の規則がわかるなら、それを用いることが、人間の言語の独自性だと言うことはできません」つまり、鳴き鳥が再帰的な構文を認識できるなら、チョムスキーの説における再帰性の位置づけを再考する必要があるわけだ。

かくして激しい論争の火ぶたが切られた。言語学者、心理学者、生物学者、鳥類学者、福音主義者。彼らはいっせいに、このさえない小鳥――学問分野以外の世界でひどく嫌われているおかげで、ゲントナーの研究助手が木から捕まえてくるときも捕獲許可を必要とさえしなかった鳥――が引き起こした激論に飛びついた。まだ不正を暴かれる前だったハウザー博士がゲントナーの研究に示した反応は、一見したところ先入観がなく虚心坦懐だった。ムクドリはなるほど再帰的パターンを認識できるかもしれないが、そのパターンの意味を理解している証拠はない、と彼は指摘した。たしかに、そのとおり（当然ながら、これについては調べるのがかなりむずかしい。人間はムクドリと会話できないからだ――少なくとも、いまはまだ）。だがハウザーは、タマリンを用いた自分の研究をゲントナーの研究がはるかにしのぐことに気づき、「重要な論文」と認めたうえで、ゲントナーの手法をいくつか用いてタマリンの研究を改良、再現することを前向きに検討する、おそらくは人間の声ではなくタマリンの声を用い、短い文を聞かせる機会をもっと多く与えることになるだろうと述べた。

ほかの人々は――その多くは言語学者だが――ゲントナーの結論に強く反発した。カリフォルニア大学サンタクルーズ校の言語学者にして『ケンブリッジ英語文法（The Cambridge Grammar of the English Language）』の共著者でもあるジェフリー・パラムは、『ニューヨークタイムズ』紙のインタビューで、「そんなものは認められないね」とそっけなく言った。パラムの主張によれば、タマリンとムクドリいずれの研究に使われた文も単純すぎて、文法にかかわる認知能力の有無を調べる目的には使えない。ムクドリになんらかの能力があることは示すかもしれないが、より複雑な人間の言語の問題ついては何ひとつ明らかにしていない、という。とはいえ、ゲントナーがイギリスのラジオ番組で指摘しているとおり、「人間はもっぱら、音のパターンを耳にしたときに言語と認識」する。前述の研究では、音声による構文パターンの認識、つまり言語能力のひとつについて話しているのであり、もし鳥と人間が同じパターンを認識できるのなら、なぜ――そして、どうやって――両者のあいだに線を引くのか。知的な論考の出発点として、そもそも線を引くべきなのか。思うに、先入観を抱かず好奇心と冒険心をもってこれらの研究に応じれば、わたしたちの複雑な知性と、この地球に共存する生物たちの肉体、頭脳、生命に宿っているかもしれない科学的神秘を押し広げ、尊重することになるだろう。

ゲントナーは、なぜムクドリがこうした高等なパターン認識能力を必要とするのかについて、答えを引き出すための新しい研究を説明してくれた。この研究では、ムクドリの歌の二番めの部分、すなわち、各個体がそれぞれ選んだモチーフを長々と組みあわせた部分に焦点を当てている。歌のこの部分には、ふたつの要素がある。モチーフの多様性と、それを並べるパターンだ。鳴き鳥としてムクドリがふつうではない点に、果てしなく学ぶことがある。鳴き鳥の大多数は、自分の種に固有の声と歌を一年めに覚え、それでよしとする――首尾よく自分たちの〝言語〟を学んだのだから。ところが、ムクドリは新しい音を学びつづけ、生涯を通じてモチーフやその並べかたを洗練させる。せんだってのある朝、わたしはカーメンが奇妙な新しい音をたてているのを耳にした。〝イエェェェエエク！〟と、繰り返し、何度も。なじみのある「ハーイ、ハニー」を聞かせてこの不快な音から注意を逸らそうとしても、やめようとしない。これがなんであるかようやく判明したのは、わたしがカーメンの鳥小屋の前を離れてダイニングルームに入ろうとしたときだった――あの子は、わが家の古いオーク材の床がきしむ音を完璧に模倣していたのだ。

ゲントナーはさまざまな年齢の鳥についてモチーフを並べるパターンを研究し、年長の鳥のほうが若い鳥よりも予測がつきやすいことを発見した。若い鳥の歌の並びはおおむね一貫性がないのに対し、もっと年上の鳥の場合は（たとえば、一歳対四歳）、並びが決まっていることが多い。たとえば、四歳の雄のムクドリを取りあげてみよう。もし、以前にもその鳥の歌を聞いたことがあって、持ち歌の並びかたに注意を払っていたなら、八番めの（そして九番め、一〇番めの）モチーフがなんになるかほぼ予測できる。そしてなんと、雌はそうした予測可能性を好むことが判明している（どの雄を雌が伴侶として選ぶかを観察していれば、好みは簡単にわかる）。年上の雄のほうがよい伴侶になるというのは、全鳥一致の見解だ。彼らはより立派で広い縄張りを宣言して守り、よりよい営巣地を持ち、雌と協力してよりよい巣を作る。抱卵中の伴侶と、その結果として生まれた雛たちに、よりよい食べ物をより多く提供する。そして――進化生物学的な意味での成功を測る基準として――より多くの若鳥を巣立たせる。こうしてみると、ムクドリの生死を決する判断は、パターン認識能力にもとづいてくだされるわけだ（そして、伴侶選びでは雌が主導的役割を果たすことから、雌のほうが雄よりもパターン認識能力がわずかながらすぐれているのではないかと、ゲントナーは推察する――ただし、まだちゃんと測定できてはいない）。

ところが、これには収穫逓減のポイントが存在する――歌があまりにも予測可能になってしまうと、雌はさほど魅力を感じない。どうやら、目新しさと慣れのあいだに均衡点が、ゲントナーいわく〝スイートスポット〟が存在するらしい。目新しすぎると不安を生じる。慣れすぎると退屈だ。ゲントナーのこうした説明を傾聴するうちに、わたしの頭は音楽へ、変化する音楽風景のなかで特定のモチーフとリフレインを用いることへと向かっていった――両者がじゅうぶんな量なら、聴衆を魅了し、熱中させつづけると同時に、次にどうなるのかわくわくさせられる。

作家が文をひとつずつ重ねていく単調さを破ろうとして再帰を用いるように、音楽家も自分の曲を内側から成長させるために再帰を用いる。音楽理論の初級クラスで最も有名な再帰の例は、ベートーベンの交響曲第五番だ。おなじみのダダダダーンという出だしが、楽章を通じて反復や変奏の形で出てくるのを、生徒は簡単に追える。モーツァルトも再帰をたびたび用いた。できのいいムクドリの歌と同じく、よい音楽にも抑制のきいた複雑さがある。そして言語、人間の音楽、鳥の歌、自然の音のパターン化に、似たような基本的な美的価値観がたくさん組みこまれている。

「いま、音楽のことを考えているんです」と、ムクドリの歌の予測可能性と変奏の均衡を話題にしているときに、わたしはゲントナー博士に告げた。「ええ、ぼくもですよ」と彼は言い、コルトレーン〔モダンジャズのサックス奏者〕の初期と後期の比較に関する難解な解説を始めたが、わたしにはさっぱりわからなかった。その間《かん》ずっと、ピアノの前のイモージェン・クーパーが、モーツァルトのピアノ協奏曲第一七番で主題の変奏から変奏へと渡りゆくさまを思い浮かべていた。

この数カ月、わが家には静かな訪問客がいる。カーメンのトライリーおばさんとロブおじさん（前述のグッピー事件参照）が、ガーデン・ノーム・チョムスキーを、つまり庭に置く小鬼《ノーム》の像を気前よく貸してくれたのだ。このガーデン・ノーム・チョムスキーは、スティーヴ・ヘリントンがオレゴン州ポートランドに設立した小さな会社〈ジャスト・セイ・ノーム！〉最初の商品として作られた。この会社の使命は「人々の生活にユーモアと安らぎを少しでも届けられ、できることなら、より深い政治的、環境的、精神的な自覚と内省をうながせるような……ガーデン・ノームをこしらえて販売すること」だ。わたしたちはリビングの炉棚にノームのノーム像を迎えられてうれしかった。本物のチョムスキーの特徴をよくとらえた、小鬼っぽさと聡明さが混じりあったオーラを放っている。よいノーム像はみんなそうだが、ガーデン・ノーム・チョムスキーは立派な赤いとんがり帽と茶色のブーツを身につけている。なのに、きのこの輪のなかではなく、チョムスキーの著書が積まれたテーブルの横に陣取り、眼鏡をかけた顔でひとりほほえんでいる。

カーメンとガーデン・ノームのノーム・チョムスキー。(トム・ファートワングラー撮影)

いずれカーメンがこのガーデン・ノームの小さな赤い帽子に乗って、絶好のシャッターチャンスを提供してくれないかと、わたしは願っている。チョムスキー博士は一定の問題について個人的な見解をかたくなに示さないことで知られているが、こういう光景を見たらおもしろがるかもしれない。撮影した写真を言語学的な質問とともに送ったら、きっと気持ちがほぐれて返事をくれるだろう。そう考えたのに、カーメンはノーム・チョムスキーにひどく怯え、三日間は近くに寄りつきさえしなかった。その後、大好物のキバナスズシロにピーナッツバターをまぶしたものをブーツに置いたところ、ようやく、おそるおそる調べに来た。やがて親しみが芽生えたのか、わたしがそばにいるときにならば、彼のもとを訪問し、めがねをこじあけて調べるしぐさをするようになった。頑固なのは相変わらずで、帽子に乗って狙いどおりの写真を撮らせてくれずにいるが、トムがいい写真を何枚か撮影したので、一枚をチョムスキー博士に送ってみた。だが、どうやら彼は心を動かされなかったようだ。ついぞ返信はなく、わたしも「ノーム・チョムスキーにコメントを拒まれたんです」と言わざるをえないライター集団に加わることとなった。いずれにせよ、わたしはその写真を気に入っている。

おりしもチョムスキーは、ガートナーの実験を受けて自身の研究を再考すべきではないかという意見を、即座に、きっぱりと、やや乱暴に退けていた。チョムスキーに言わせると、この実験が示すのはただ、ムクドリの記憶力がよく、鳴き声を数えられること、数を覚えられることだけだ（どれも鳥に一般的な芸当ではない、ということをお忘れなく）。「言語にはなんらかかわりがない――おそらくは、単なる短期記憶だ」と、チョムスキーは『ニューヨークタイムズ』紙への簡潔な返答のなかで述べた（ちなみに、のちのゲントナーによる研究では、ムクドリがパターンを認識するのではなく音を記憶している可能性を排除するために、より多様なパターンを用い、繰り返す回数を減らしている）。

この問題は、チョムスキーのちょっと痛いところを突くものだ。再帰性は人間の言語に固有かつ普遍的なものだ、という彼の説に最初に挑戦したのは、ムクドリではない。アマゾン川流域に、ピダハンという小さな部族がいる。マルメロス川支流のマイシ川沿いに点在する村に、わずか三五〇人程度で暮らす人々だ。外の世界の言語はまったく話さず、部族内のことば――クリック音、ラトル音、唇の破裂音、息を吸う音、鳥のさえずりに似た抑揚のあるひと続きの音を複雑に混ぜたもの――は、この部族に接したほぼすべての言語学者を当惑させている。相当な年月を研究に費やしてもなお、そうなのだ。第一印象では、この言語は単純にちがいないと結論づけたくなる。なにしろ子音がわずか八つ（女性が使用するのは七つ）、母音が三つしかない。ところが、部族の人間がハミング、口笛、複雑で多種多様な抑揚や強勢やさまざまな長さの音節を操るさまを耳にすると、子音の数などどうでもよくなる。

イリノイ州立大学の言語学者だったダニエル・エヴェレットは、ピダハン族以外でピダハン語を話せる唯一の人物だ。当初は、一九七〇年代に夏期言語講座（ＳＩＬ）の宣教師としてピダハン族のもとを訪れた。ＳＩＬは、言語の専門家を訓練して辺地の部族向けに聖書を翻訳させる国際組織だ。直接的な伝道にはさほど力を入れていない。隔絶した集落が、彼ら自身の言語に訳された聖書を手に入れたなら、おのずと改宗するはずだ、とＳＩＬは信じている。

数十年におよぶピダハン族との交流を通じて、エヴェレットはしだいに、耳で識別できるかぎり、彼らには集合的記憶も独自の創造神話もないし、数や量の複雑な概念がとことん排除されていることに気づいた（ピダハン族は一と二とたくさんしか認識せず、彼らに数えかたを教える試みは失敗に終わった）。過去や未来についてはほぼ理解も留意もしておらず、目の前に生きて立っている人以外がどう過ごしているかに思いを馳せることはまずない――少なくとも、わたしたちの大半が一般的に理解するような形では。森へ狩りに出かける人物はあっさりと「知覚経験の外に出ていく」のだとエヴェレットは言う。〝現在の精神《エートス》〟と彼が呼ぶものが根底にあるのだ。

SILの方法論は実を結ばなかった（「おまえはこのキリストを見たのか?」とピダハンの人々はエヴェレットに尋ねたのだ）。言語に関しては、ピダハン語が再帰を用いないことに、エヴェレットはかなり早い段階から気づいていた。のちに、ほかの言語学者たちが行なった調査でも（ハウザーの共同研究者のテカムセ・フィッチもそのひとりで、アマゾンへ飛んで現地調査した）、ピダハン族が再帰パターンを認識できるとは実証できなかった。

大学院で研究しはじめた当初、エヴェレットはチョムスキー言語学の熱心な信奉者だったが、ピダハン族の文化と言語について学べば学ぶほど、普遍文法という概念を支持できなくなった。そして、ピダハン族の言語は普遍文法に対する「容赦のない反例」だと唱えるようになり、さらに、ピダハン族はけっして単発的な事例ではない、言語学に定着したこの学説が長らく疑いを挟む空気を押しこめてきたせいで学者たちがほかの例外を知らないだけだ、と主張した。「わたしたちがこれに似たほかの集団をまだ見つけていない理由には、事実上、不可能だと言い聞かされてきたこともあると思う」と、エヴェレットは『ニューヨーカー』誌のインタビューで述べている。だが、彼の研究結果を前にしても、チョムスキーは相変わらず、普遍文法に「取って代わる筋の通った説はない」と主張している。

言語学以外の分野では、わたしはチョムスキーの政治的な活動と論評を興味深く追っている。だが、言語学の発展にともなって普遍文法の概念が衰退したことを嘆く気にはなれない。よくて見当ちがいで陳腐だ、という見解が強まってきたし、人によっては無意識の人種差別だと手厳しく批判する。当然ながら、チョムスキーはそうした解釈を想像だにしなかっただろう。だが、もしピダハン族が再帰を認識しないのなら、再帰と人間の言語を完全に結びつける説は、ピダハン族や同様の部族の人間性を貶めていると解釈されてもしかたがない。

ゲントナーは自分のムクドリの研究に対するチョムスキーの反応に驚かなかったが、それでも、この否定的な反応が、厳格な科学ではなく特定の見解に対する個人的な愛着から来ているらしいことに失望した。なるほど、フィッチ、ハウザー、チョムスキーの「言語能力」の論文で示された手順——研究者たちを、再帰が人間の言語に特有であるという説に導いた除去の手順——を用いれば、動物の意識、意思の疎通、発声、パターン認識において何が起きているのかをある程度まで推測できるが、この論文が発表された二〇〇二年であれ、今日であれ、これらはとうてい人間が完全には理解しえないものだ。地球上のあらゆる人間の集団と生物種について意思の疎通で何を行なえて何が行なえないのかを、三人の人間が正確に特定できると思いこむのは、驚くべき傲慢だし、わたしたちの現在の知識を過大評価し、当然ながら、わたしたちの知識のおよぶ範囲を広言することにもなる。

人間の言語が独特ですばらしいことを否定する者はいない。ゲントナーは「人間以外が人間の言語によく似た言語を持つことはありえないだろうが、種をまたがって共有される特性がなんであるか解明されるまでは、何が人間の言語に特有であるかを問う出発点にすら立てない」とわたしに語った。とはいえ、ごく進歩的な知識人たちのなかにさえ、人間と人間の能力はとにかく宇宙の中心でありつづけるべし、という考えが根強く残っている。ムクドリの発声と再帰パターンの認識に関するこの研究のおかげで、人間は自分で築いた地位の外へわずかながら押し出され、地球の真の交響曲とも言える生物たちの輝かしき混合体へもう一歩入りこんだ。わたしたちはいま、科学の理論的枠組みが変わる転換期にあり、しかも、世界でもとくに嫌われもののありふれた鳥に導かれているのだ。

ダーウィンは、人間のあらゆる能力には祖先からの経路があると信じていたが、これはもちろん、進化論的に筋が通っている。わたしたちが住む優美ですばらしい地球の生物の交錯から、わたしたちの意識全般を、あるいは言語だけをとくに除外する理由はない。『人間の由来』において、ダーウィンは「鳥が発する音は、いくつかの側面で言語に最も近い」と書いている。一八七一年のことだ。今日の研究者たちは、人間の幼児の発声学習パターン――意味不明な発声から単語の形成、発達を経て句や文にいたる過程――が、幼鳥が成鳥からさえずりを学ぶ方法とよく似ていることに注目している。デューク大学の神経科学者のエリック・ジャービスは、先ごろ『サイエンス』誌に、四八種の鳥の遺伝子地図を示す前例のない研究を発表した。ジャービスはつねづね鳥類の声に関心を抱き、しばらく前に、鳥が歌のパターンを学ぶ方法は人間がことばを学ぶ方法に類似していることを確認していた。そして、遺伝子分野で行なう自分の研究が、人類と鳥類の脳の類似部位は音声のパターン化にかかわる部分だとするほかの研究を補強できるのではないかと期待した。結果は、彼本人をも驚かせた。ジャービスとその共同研究者は、音声学習関連の遺伝子で人間と鳥に重複するものを五〇個発見した。新しい歌を覚えるのが得意な鳥では、これらの遺伝子の発現率が高かった。ジャービスが出した結論はきわめて重大だ。「これはつまり、鳥と人間の音声学習については、歌と言語をつかさどる脳の領域のこれらの遺伝子が、ほかの霊長類よりも互いに似ていることを意味する」わたしには、ホモサピエンスに最も近縁の動物であるチンパンジーよりも、いとしのカーメンに生物学的に似ている点が、少なくともひとつあるわけだ。

わたしたちの脳が、鳥を含めたほかの動物の脳と共有する基本的な構造は、複雑な意思の疎通を行なうより前の、太古のものだ。このことから、現代の脳や遺伝子における言語関連の共通点は、進化の関係が近いからではなく、収斂進化——ふたつの生命体が身体的特徴の似通った方向へ平行して進化する現象——によって生じたものと思われる。だが、実験室で長期的に鳥を研究するほうが、人間を研究するよりもはるかに簡単なので、ジャービスは自分の研究やほかのあらたな研究が、言語の進化という霧深いテーマに光を投げかけることを期待している。身体的な進化については化石記録が教えてくれるが、七万年前に人間がどんなふうに話していたかについては記録がない。もし、鳥と人間が現在、似たようなやりかたで言語を学んでいるのなら、言語を持つにいたる進化経路もよく似ているはずだ。

ゲントナーのムクドリの研究に対して否定的な反応を示す言語学者もいるいっぽうで、一般大衆の反応は熱烈だった。当初、論文は科学誌に発表されたが、あちこちのラジオ局に取りあげられ、大衆雑誌や新聞に要約が掲載された——この手の論文としては異例な数だった。だが、さほど意外ではない。種の境界を超えたつながりを探し求めて、認知したがるのは、人間の自然な傾向だろう。心の底で直感していたことが科学によって証明されると、わたしたちはうれしく思うものだ。

二〇一二年に、著名な科学者たちが集まった国際的なグループが、「意識に関するケンブリッジ宣言」という文書に署名し、鳥や哺乳動物や蛸にいたるまで、生き物は人間と同様の意識を持っているのだと宣言した。より啓蒙的な新しい理解と言うべきものの最前線に立つ内容だ。ようやく、高次の科学論壇で動物の意識は尊重すべきだと認められたのはすばらしいことで、この文書や同様の論文がひと役買って、科学、農業、娯楽分野での動物の扱いに高い倫理基準が確立されることを願う。だが、学問の世界の宣言としては遅きに失したと感じざるをえない。ダーウィンは一六二年前に同じ主張をしていたのだ。そもそも、わたしたちの大多数は、一緒に暮らす動物に意識があると知らせる科学文書を必要とするだろうか。〝人間以上の世界〟とつながっているというのは、人間が生まれながらにして持つ、喜ばしい感覚だ。ほんとうの意味で生きて、暮らして、他者とかかわるための感覚。けっして新しくはない。むしろ、きわめて古い。場所や時代を問わず、あらゆる文明の芸術や文化に顔を出している――相手への尊敬、配慮、認識、愛情にもとづいた人間と動物の交流の物語に。

わたしは、どんな動物に対しても、実際には持っていない能力を付与したいとは思わない。そんなことをする必要はない。動物たちはじゅうぶん能力を持っている――わたしたちが知っている能力も、まだ知らない能力も、人間以外の生物しか持たないせいでけっして知ることのできない能力も。ムクドリは何かをこじあけることで彼らの世界の知識を収集する。オウムは舌で、アライグマは前足の肉球で、ミミズはつややかな皮膚で学習する。「わたしたちは広大な知性の膝の上に身を横たえている」とエマーソンは書いた。「この知性はわたしたちに真実を伝え、わたしたちを使って世界に働きかける」と。思うに、これこそがゲントナーの、そして同様の研究の美しさだろう。科学的であり詩的でもある創造的な認識を呼び覚ましてくれる——わたしたち人間は生命の連続体の上にいるという認識を。わたしたちは、行き交うあらゆる生物と同じく、荒々しくも美しい知性の一部にして、断片なのだ。

間奏　鳥とモーツァルトの時間の感覚

指揮者のマイケル・スヴェルチェフスキは、モーツァルトについて「ほかの人々よりも速く人生を駆け抜けたという説をとる……その人生を映画になぞらえるなら、つねに早送りしているような感じだ」と述べた。わたしも以前から同じ考えを抱いている。最後の病を得て三四歳の若さで亡くなるまでに、モーツァルトは母、父、四人のわが子と死別し、金銭的な豊かさと困窮を味わい、天才芸術家につきものの多幸感と不安に満ちた抑うつを行きつ戻りつしながらも、四重奏曲、五重奏曲、交響曲、ミサ曲、舞踏曲、カドリーユの数々と、このうえない傑作オペラを数曲こしらえたうえに、死の床で膝に五線紙を広げて美しいレクイエムを作曲した。何千、何万枚もの楽譜が書かれ、写され、出版された。何千通もの手紙が遠くへ、近くへと送られた。馬車で何千マイルも旅がなされた。

日常生活という点では、たしかに、モーツァルトは当時の標準的なウィーン人と変わりがない。だが仕事のペースは、私生活のさまざまな苦難や芸術家の複雑な知性と同様に、標準からはかけ離れている。まるで、彼を内包するために、人生の空間が広がったかのようだ。

新しい研究によって、わたしがつねづねそうではないかと考えていたことが裏づけられた。小動物にとって、時間はスローモーションで認識される、ということだ。二〇一三年に『アニマル・ビヘイビア』誌に掲載された論文において、ダブリン大学トリニティ・カレッジの研究者たちが閃光を用い、さまざまな種が情報を処理するときの時間分解能を測定した。そして、体が小さくて代謝が高い生物（たとえばイエバエや鳥）は、体が大きくて代謝が低い生物（たとえば象や人間）よりも、一定の時間に認識、処理する情報の量が多いことがわかった。だからこそ、丸めた新聞紙を手にこっそりと近寄ったはずなのに、たいていは蝿に逃げられる——蝿には、ひと続きのできごとがゆっくりと展開しているわけだ。ある論評者はこの現象を映画『マトリックス』の〝弾よけ〟、つまりキアヌ・リーブスが風にコートをなびかせながら、見たところスローモーションで飛んでくる銃弾をよけるシーンになぞらえた。銃撃者の目には、銃弾は猛スピードで向かっていくが、この映画でリーブスが扮する人物は、動きのゆるやかな銃弾をやすやすとかわす。前述の新しい研究の結果によれば、鳥は『マトリックス』の世界に住んでいるようだ。

この研究は、ドッグイヤーの概念——寿命の短い動物の一生は、人間の時間の尺度で出した換算年齢のペースで進行する、という考え——をはるかに超える意味あいを持つ。わたしたちは時間について、はるかに包括的、相対的に考えざるをえないだろう。だが、ここで言いたいのは、たとえば、鼓動の速い鳥が三年という短い生涯で経験することがらが、同じ期間にわたしたちが経験することがらよりも多いということではなく、その鳥が体感する生涯は三年より長いかもしれないということだ。時間の尺度は謎に満ちている。鳥の一生の時間は標準的な時間の概念よりも長く、わたしたちは少なくともまだ、それがどういうものか理解できない。だが、一部の人間がこの時間と空間の入り口をくぐって、より多くの体験を自分の内部や周辺に渦巻かせることはできるのだろうか。生きた時間をふつうに直線的に足しあわせられるいっぽうで、直線的な尺度にそぐわない時間もあって、なんらかの形でより多くを生きてしまったということは、ありうるだろうか。

そうした体験をしうるという考えが、各文化の神話に組み入れられている。たとえば、西洋には〝妖精の国〟がある。幸運や災難を通じて、ときには笛の音に誘われて入りこんでしまう領域だ。妖精の国では、複数の世界が出会う——野性と飼育下、夢と現実、散文と詩、森の生き物の足跡や落ち葉やきのこの上につけられた、人間の足跡。想像の国、時が止まった国、魔法がふりまかれた現実の国。そう、まさに魔笛の世界なのだ。

カーメンが肩に乗っているとき、わたしは目を閉じて耳を澄ますことがある。重さは感じない。爪がちくちく当たらなければ、肩にいることすら気づかないだろう。あたりがうんと静かで、羽に覆われた温かい胸にわたしの耳がじゅうぶん近ければ、鼓動が聞こえてくる。わたしの鼓動の速さは、モーツァルトやほかの人間と同じく、一分間におよそ八〇回。かたやカーメンは、シュタールやたいていの鳴き鳥と同じく、一分間におよそ四五〇回だ。もっと体の大きい鳥は鼓動がやや遅く（ニワトリは約二四五回）、体が小さい鳥は鼓動が速い（ハチドリは約一〇〇〇回）。わたしは自分の心臓に手を、カーメンの胸に耳をあてて、どくどく脈打つふたつの鼓動を感じる。

メトロノームは、ドイツ人発明家のヨハン・メルツェルが一八一六年に特許を取得した。熱心な音楽学生はみんなその暴虐にさらされてきたが、大多数の作曲家は作品の正確なテンポを示すことに抗いつづけている。代わりに、記述的、示唆的、主観的、きわめて相対的なテンポを、楽譜の上部に記載する。アレグレット（軽快に、だがさほど速くないように）、アレグロ・マ・ノン・トロッポ（速く、だが速すぎないように）、レンティッシモ（きわめてゆるやかに遅く）。わたしたちは音楽が時間の認識を曲げたり変えたりできることを知っているし、無数の研究から、たくみに作曲された音楽を聴くときは往々にして時間との関係がふだんと変わってしまうことがわかっている。さらには、イギリスのロイヤル・オートモービル・クラブが、運転中に聴く場合に最も危険な曲を決めさえした――ワーグナーの『ワルキューレの騎行』だ。何が危険かと言えば、聴き手が曲に入りこみすぎることでも、テンポが速すぎることでもなく、どうやら、恍惚感を誘う曲の雰囲気が運転者の正常な速度感覚を妨げて、無意識に速く運転させることらしい。

ウェールズの詩人、故ジョン・オドノヒュウの考えによれば、「音楽はおそらく、われわれを最も永遠に近づける芸術形態だろう、なぜなら時間の感覚をたちどころに、取り消しの余地なく変えてしまうから」だ。音楽のこの性質によって、目に見えない世界、学術的には心象風景と呼ばれて通常の尺度がほぼ意味をなさない世界と、目に見える世界とを渡す橋が作られるものと彼は感じていた。モーツァルトはこうした音楽の世界に住み、頭には絶えず変化するテンポがあって、肩には一羽のムクドリがいた。彼の時間経過の体感が独特だった可能性、彼の感じる時間が特殊で風変わりな進みかたをしていた可能性はあるだろうか。願わくはモーツァルトが、駆け抜けた人生の幕間を、長く伸ばされた〝鳥の鼓動の時間〟で味わっていますよう。

第八章　同じ羽を持ったものどうし

一七八七年六月、モーツァルトはあらたな楽曲、『音楽の冗談（Ein Musikalischer Spaß）』を完成作品の目録に加えた――父親の死に続きムクドリの死を体験したあと最初に完成させた曲で、現在はケッヒェル番号五二二が付与され、ホルン二本、ヴァイオリン二挺と、ヴィオラ、コントラバスという風変わりな編成の室内楽だ。モーツァルトは複雑さを厭わなかったが、そのことばや音楽から、つねづね不協和音をよしとしていなかったことがうかがえる。このディベルティメントはモーツァルトの曲としては例外的で、キーが奔放かつ気まぐれにふらふらと変わり、不協和な臨時記号がばらまかれている。発表された当時は、まじめな曲として重んじられはせず、それなりに関心を払った人たちも、同時代の音楽界の支配層をあてこすったとか、特定の作曲家をからかったものではないかとさえ考えた。チェコの作曲家のレオポルト・コジェルフが、パロディー化されている芸術家は自分だと思いこみ、プラハを訪れたモーツァルトに問いただそうとしたと言われている。

カーメンがモーツァルトの曲にろくに関心を示さないのは、わたしにとって大いなる悲しみだが、ちょっとした皮肉でもある。なにしろ、巣からこの子を強奪し、やせこけた死にかけの雛から成鳥まで育てたのは、この偉大な作曲家とムクドリの関係を研究するためなのだ。カーメンが音楽そのものに関心を抱かないのなら気にかけなかっただろうが、ほかの曲はほぼすべて気に入っている。つまり、モーツァルト以外のすべての曲を――いや、モーツァルトのほとんどの曲以外を、と言うべきか。前述のとおり、シュタールの協奏曲の最終楽章は楽しんでいる。ほかに一曲だけ、心から気に入っているモーツァルトの作品があり、これもわたしには、モーツァルトの〝冗談〟のひとつに思える――なんだか、厳粛さを超えて彼が最後のいたずらを仕掛けた感じがするのだ。わたしと生活をともにするこのムクドリ、マエストロと気のあう友であるべきこの鳥は、モーツァルトの崇高な大ミサ曲ハ短調がステレオのスピーカーから流れてきても、無頓着なようすで羽を繕っている。では、悪評が高く音楽的な価値が疑わしいディベルティメント、『音楽の冗談』については？　カーメンはオペラの主役よろしく、がぜん本領を発揮する。まずは小首をかしげ、何か途方もないことが始まっていて、わたしもそれに気づくべきだと言いたげに、じっとこちらを見る。そして、とことん曲に入りこんだら、小さな頭をうしろへそらし、歌いだす。歌いおえると、〝どうだったかしら？〟と言わんばかりに、またわたしをじっと見る。なんともあどけなくて、わたしの胸はきゅんとなる。うるさいじゃないの、と怒りたいのに、代わりにその首筋にキスをしてしまう。カーメンはいやがって、キスをふるい落とす。「とっても、いい歌だった」とわたしは言う。

死後にモーツァルトを称えてあちこちで彼の曲が演奏されるようになっても、『音楽の冗談』は演奏者がやりたがらなかった。へたくそに聞こえるからだ。現代の演奏者たちもやはり気乗りしないようだ。パロディー説に同意する音楽学者は、今日でもいる。また、ヴォルフガングが父親との関係に片をつけようとしたのだと考える者もいる（とはいえ、彼が父レオポルトの死後こんなに早く、いや、どの時期にせよ、この問題を滑稽に扱うなどありえない、とわたしは思う）。いまだ判明していない隠れたメッセージが込められているという説もある。あるいは、ただ気の迷いで軽薄な作品をこしらえただけで、とくに意味はないと断言する人々もいる。大多数は、とにかく聞くに堪えないと言う。ドイツ・グラモフォンの録音につけられたライナーノートが、世間一般の見解を要約している。「第一楽章では、独創性に欠けた素材がぎこちなく、不調和かつ不合理につなぎあわされて……アダージョ・カンタービレの章にはグロテスクなカデンツァがあり、長々と続いたあげく、滑稽な低音のピッツィカートで仰々しく終わる」この解説者は結びとして、モーツァルトは「不調和な寄せ集めを制しきれないアマチュアの作曲家」を模して書いたのだと言いきっている。こうした見解を読むと、作品全体が異様な恐ろしいものに思えてしまうが、実際は楽しめる要素も多い――総じて軽快で、明るいエネルギーが感じられ、耳に心地よい瞬間もある。とくに、三連音符が連発されるアレグロの導入部は、思わず立ちあがってくるくる回りたくなる。ドイツ・グラモフォンの解説者は制御を失っていると言うが、じつはちゃんと制御したうえでの無秩序の演出であり、本物のアマチュアにはけっしてなしえない偉業だと、わたしは主張したい。とはいえ、モーツァルトはまじめな何かをこの作品で表現したかったわけではない。あくまでおどけた作品だし、その中心には謎がある。〝この奔放な声はどこから来たのか？〟

この作品の説明は、なんとなくなじみがある。わたしは実験として、最も不快だとされる『音楽の冗談』のカデンツァを、われを忘れて長々とさえずるムクドリの声の録音と、カーメンの歌声とともに奏でてみた。なんと、この五重奏の旋律、いや〝旋律ではないもの〟が、二羽のムクドリの歌と完璧に重なるではないか。この類似性に気づいたのは、わたしが最初ではない。メレディス・ウエストとその夫のアンドリュー・キングも、研究のためにムクドリを育ててモーツァルトのムクドリに思いを馳せるうちに、まちがいなく両者は似ていると感じた。夫妻は動物行動学が専門で、音楽学者でもモーツァルトの研究家でもないが、その初々しい耳で、数世紀におよぶ音楽の評論が見逃してきたものを発見したのだ。そして一九九〇年に、『音楽の冗談』には「ムクドリの声の特性」があると主張した。彼らはぶつ切りのフレーズに注目した。ムクドリは耳にした曲を調子はずれに歌い返すが、自分がちょうどいいと思う長さだけ繰り返して、人間の耳には不可欠と思われる部分をカットする傾向がある（ウエストの研究に使われた一羽は、家で耳にしたある歌の一部を模倣するのが好きだった――〝はーるかなるスワーー！〟だけを。何度この歌を聞かせても、このムクドリはどうしても、続きの〝ニーがわ〟を加えようとしなかった）。もっと言うなら、ムクドリはモーツァルトがまさにこの作品でやったように、フレーズを柔軟かつ気まぐれにどんどんつなげて、合間にムクドリ特有の口笛音と甲高い音を投じるのだ。メレディス・ウエストはドイツ・グラモフォンの解説への反論を次のように書いている。

「不合理につなぎあわされ」――ムクドリの旋律の紡ぎかたと一致する。「ぎこちなく」は、ムクドリが調子をはずしたり、思わぬところでフレーズを切る傾向に起因するだろう。はっきりしない構造のフレーズが長々ととりとめなく続くのは、ムクドリのひとりごとの特徴だ。最後に、楽器がふいに演奏をやめてしまったかのような、突然の終止には、まさにムクドリの特性がはっきりと表れている。

敬愛すべきカリフォルニア科学アカデミーの鳥類学者、ルイス・バプティスタが、この見解に権威づけをした。音楽学者たちを困惑させたこの作品は、たしかにムクドリ生来の音声化の特徴を模倣している、と述べたのだ。そして、『音楽の冗談』の終止《カデンツ》は、ふたつの音声の対位旋律で構成されている、とつけ加えた——バッハ的な要素だが、同時に鳥っぽい要素でもある。鳴管（鳥類において人間の喉頭に相当するもの）の構造のおかげで、ムクドリを含めた多くの鳴き鳥は、ふたつの、ときにはそれ以上の音や抑揚を同時に出せる（ツグミのやわらかいフルート音のさえずりにおいて完成された技巧だ）。バプティスタはこの対位旋律もまたムクドリの影響を示す証拠であると主張し、わたしもそう考える。だが同時に、このカデンツは、作曲家と鳥が陽気に歌声を合わせたようすも表現しているのではないだろうか。

この六重奏曲にシュタールの影響があったことをさらに裏づける事実として、『音楽の冗談』はモーツァルトがシュタールと暮らした三年のあいだに断片的に作曲され、このムクドリの死後ほどなく完成されたことが、現在はわかっている。かくして、この作品は音楽的な失敗から音楽による死者への頌徳《しょうとく》に変貌を遂げる——その短い生涯が自分の生涯とみごとに対をなす鳥にモーツァルトが捧げた、風変わりな贈り物にして感謝のあかしだ。両者が似ていることに疑いはない。鳥と作曲家は多くの共通点を持っていた。マエストロとムクドリは驚くほど似通った才能（模倣、美しい歌声、音楽的な妙技）と、性格（せわしなさ、戯れ好き、浮ついた態度、ばかげた言動）と、重要視する社会的なことがら（注目を浴びたい！）を共有している。

同じ種のほかの鳥と同じく、シュタールには浮ついた側面と突然歌いだす癖があり、モーツァルト本人も、異常なまでにあちこちうろついて、叙唱でひとりごとをつぶやいた。オペラ的でもあり、鳥っぽくもある習癖だ。シュタールと同じく、モーツァルトも物まねに長けていた。その作品中でどんな音楽様式も模倣でき、たびたびそうしていた。一生を通じて、教会や公式行事のために特定の様式の曲を作る依頼を引き受けていた。そのうえ、子どものころには、テノールから完全なソプラノまでの音域の、流行のどんな正歌劇《オペラ・セリア》の様式でも声で模倣できた。モーツァルトは父親宛ての手紙で「ご存知のとおり、ぼくはどんな種類や様式の作品も、ほぼすべて取り入れたり、模倣したりできます」と自慢しているが、レオポルトものちの手紙で「わたしはおまえの能力を知っている。おまえはなんでも模倣できます」と書いている。子どものころ、モーツァルトはムクドリと同じくらい耳がよく、旅行中にたちまち新しい言語を覚え、曲の様式や効果を吸収して、自分の作品で模倣やパロディーを遊び心たっぷりにみごとに用いた。つねに監督者であったレオポルトから、その能力を仕事に生かしなさいと言われ、すなおに従ったわけだ。だが、自分が楽しむためにも模倣し、友人やほかの音楽家、さらには皇帝の声や身体的特徴もまねて、パーティーに花を添えた。きっと、自分のペットの絶えず変化して茶目っ気たっぷりな声の能力に、驚き喜んだことだろう——自分のものとそっくりな能力に。この鳥と声を合わせて歌い、聴覚の可能性をあれこれ試すうちに、モーツァルトは鳥の親友に、緑の地球が与えてくれた大いなる類似点を見出したのだ。なんだか、一羽の遊び友だちの鳥が、彼のためだけに進化したように思える。

先日のこと、娘のクレアと近所のすばらしい古書店、ペガサスを訪れて、娘はオースティン／ブロンテの棚を、わたしはそのそばでウィラ・キャザーの棚を眺めていたとき、ティーンエイジ特有のいかにもおぞましげなささやきが聞こえた。「ママ、髪に鳥の糞がついてる」娘はすでに数えきれないくらい、人前でこの手の宣告をするはめに陥ったが、いまだに騒ぎたてるのをやめない。わたしはというと、この件についてはもはや達観している。どうしようもないではないか。カーメンは一日の半分をわたしの頭の上で過ごし、当然ながらそこに糞をする。そして、髪に入りこんだ鳥の糞は扱いがむずかしい。ムクドリの排泄物はつるんとした面なら拭きとりやすいが、頭髪の場合は、固い部分をティッシュペーパーでつまんで、残りは乾いてから櫛でとかし取るのがいちばんだ。ところが、わたしはたいていそれを忘れてしまい、洗髪するまで髪に糞がなじんだ状態で過ごす。

ティム・ゲントナーとムクドリの文法の研究に関して話をしたおりに、話題がカーメンのことになって、彼は関心を示した。飼育下のムクドリを何百羽と研究で使っているが、家のなかを飛びまわるムクドリと暮らしたことは一度もないという。カーメンについて人々がいつも驚く実態（かわいくて、利口で、人懐こくて、話せる）は、当然ながら、ゲントナーもよく知っている。だから、彼が「散らかしませんか？」と尋ねたのを面白く感じた。つまり、暗に「家のあちこちに糞を落とされませんか？」と言っていたのだ。

答えは、イエスであり、ノーでもある。よく飛ぶ鳥はすべてそうだが、ムクドリも糞をたくさんする。これは適応のなせるわざで、空気力学的に最適な体重を保つために不可欠だ。腸に少しでも排泄物が溜まるとすぐに出して、飛行に適した軽さを保つ。この戦略を、アビやウなどの鳥――あまり飛ばず、生きる糧を得るために水に潜るので、すぐに浮かびあがらない重さを必要とする鳥――のものと比べてみよう。これらの鳥は大量の排泄物を溜めこみ、ようやく放出すると、それが水面に細いいかだよろしく強烈に漂う。そのさまは、クジラでも通ったのかと見まがうほどだ。ムクドリは頻繁に排便するが、一回の量はごくわずかだ。都心や郊外の歩道で見かける鳥の排泄物は、ほとんどがカラスやハトなどのもので、体が大きいぶん、糞も大きめで数時間から一日ほど貼りついたままになる。だが、ムクドリをはじめとする鳴き鳥の大半は、彼らより体が小さい。糞は草や土に混ざりこみ、小雨ですぐに流されるか、下層土に吸収される。*

屋内で飼われる鳥の場合、問題はもっと複雑だ。うちではカーメンを可能なかぎり自由に飛ばせているが、それでも日中のかなりの時間と夜間は鳥小屋で過ごさせるので、排泄物の大半はそこに堆積する。わたしは床に敷く新聞紙を必ず毎日取り替え、止まり木の汚れをこすり落として清潔に保つ。家のほかの場所については、ムクドリがいちじるしく社交的なことを思い出してほしい。カーメンは単独で家を飛びまわって探検するのが好きではない。わたしたちとともに、いや、わたしたちの上にいたがる。そして主たる世話係はわたしなので、そこに糞が落ちる。わたしの上に。少なくとも、わたしの腕が届く範囲に。だから、つねにティッシュペーパーの箱を手近に置き、コンピューター画面や床や読んでいる本に糞が落ちたらいつでも拭けるようにしている。さらに、いまやうんちシャツと呼ばれるようになった古いシャツを、鳥小屋の外にカーメンを出すさいに服の上からはおる。この手法は、完璧とは言えない。うんちシャツをはおるのを忘れ、夜パジャマに着替える段になってはじめて、カーメンの糞を一日じゅうセーターの背中につけたまま動きまわっていたとわかることも多い。

＊当然ながら、鳥がたくさん集まる場所ではこうはいかない。巣が集まったコロニーや秋の集団ねぐらでは、蓄積された糞がめざわりになって、ときには人間の健康に害をもたらすことさえある。

友人や歴史家はときおり、こんなふうに糞があちこちに落ちるから、シュタールがモーツァルトの仕事部屋で自由に飛びまわっていたはずがないと言って、わたしの確信をくじこうとする。気品ある十八世紀の家ではいくらなんでも許されやしない、たとえモーツァルト家みたいな風変わりな家でも、と。だが、ムクドリの小さな糞があちこちに落ちようが、少なくともモーツァルトやその家族は騒ぎたてなかっただろう。モーツァルトは消化にまつわる話題に精通していた。戯曲『アマデウス』の演出を務めたピーター・ホールは、上演後にマーガレット・サッチャーと話し、劇中でこのマエストロがひどく下品に描かれていたことにぞっとしたと言われて困惑した。サッチャー首相は明らかに演劇芸術の支援者ではなく、今回の『アマデウス』の初演《プレミア》でじつに一五年ぶりに劇場に足を踏み入れていた。観劇ではなく、モーツァルトが好きだからだ。のちに、この戯曲の改訂版を上演するにあたって、ホールは紹介文に当時のサッチャーの反応をこう書いている。「彼女は喜んではいなかった。あのいかにも女校長然とした表情で、モーツァルトを卑猥語が好きな糞尿愛好症のいたずら小僧として描いた劇を上演するなんてと、きびしく咎めた」そして、かくも「優美で洗練された曲」を書いた人物がこんな汚いことばを使うとはとうてい信じられない、ときっぱり言った。だが、たしかに『アマデウス』には史実とかけ離れた描写も多いとはいえ、これはそのひとつではない。ホールはサッチャーにモーツァルトの手紙の内容を如才なく示そうとしたが、「わたしの言ったことが聞こえなかったのですね。彼があのような人であるはずはないのです」と諭された。ホールは同意するほかなかった。「首相閣下がちがうとおっしゃるのだから、わたしはまちがっていたのだ」

モーツァルトは排泄がらみのユーモアが大好きで、この嗜好は親から受け継いでいる。糞便の話題は、彼の生い立ちの一部をなしていた。家でも旅行中の手紙でも、当然のように、姉弟のあいだでうんちがらみの冗談がしじゅう交わされ、幼少期を脱しても、このユーモアは長く続いた。多くの場合、モーツァルトのスカトロジー的な冗談は思春期の悪趣味につきものであり、全般的な未成熟さの表れ、さらには一種の病気だったとして片づけられがちだ。だが排泄物は、見たところ厳格な父レオポルトと楚々とした母アンナ・マリーアのあいだでも、会話や冗談のテーマとしてめずらしくなかった。アンナ・マリーアは、一七七七年にヴォルフガングとヨーロッパ・ツアーに出かけたとき（家族の誰ひとりとして、彼女がパリで亡くなるとは思ってもみなかったが）、不安でやきもきする夫を手紙でこう安心させた。「心配しないで、あなた、何もかも最後にはうまくいくはずです……お休みなさい、だけど、まずはベッドで音をたてて、うんちをしてください（傍点は、著者による）」この言い回しは、うわべはお堅いレオポルトから妻と息子に宛てた手紙にも、ヴォルフガングがアウクスブルク滞在中に訪問したいとこで、最初の恋人となったマリーア・アンナ・テークラ・モーツァルト（ベーズレ、または〝いとこちゃん〟とヴォルフガングは呼んでいた）に宛てた手紙にも登場する。わたしが確認したかぎりでは、これは歴史のある成句ではなく、陽気でちょっぴり風変わりな家庭内文化《ミーム》にすぎない。

ベーズレ宛ての手紙で、ヴォルフガングはばかげたことばを延々と書き連ねたあとに「ウィ、ウィ、誓って、きみの鼻の上にうんちをするよ、そうしたら、あごまで垂れていくだろうね」と書いた。そして、さらに「おやすみ、ベッドで思いっきりくそをして、ぐっすりお眠りよ、自分のおけつにキスして」と続けた。このように、奔放なウィットといかがわしい嗜好を披露することばの離れわざを何枚も続けたあとで、若きマエストロはおならの冗談に移った。

たったいま起きた悲しいできごとを伝えなくてはならない。このすばらしい手紙を書いている最中に、通りから物音が聞こえた。ぼくは書くのをやめ――立ちあがって窓辺に行き――すると――音はもう聞こえなくて――ぼくはまた腰をおろし、もう一度書きはじめて――一〇語書くか書かないかのうちに、またその音が聞こえたんだ――ぼくは立ちあがった――そうしたら、まだかすかに音が聞こえ――何かが焦げているような匂いもして――ぼくがどこへ行っても匂うんだ。窓の外をのぞくと匂いは消えて、部屋のほうをふり返ると戻ってくる――とうとうママに、あなたが一発やったんじゃないのって言われて――そんなはずないよ、ママ。いえ、いえ、ぜったいにそうですとも。ためしに自分のお尻に指を突っこんで、それから鼻に当ててみたら――*Ecce Provatum est!*[*] ママは正しかった！　じゃあ、さようなら、一万回のキスを贈るよ。

コンスタンツェは、初期の伝記を執筆したフランツ・ニーメチェクにいわゆるベーズレ書簡を提供したとき、添え状にこう書いている。「趣味がいいとは言えませんが、いとこ宛ての手紙はウィットに富んでいて、取りあげる価値があります。もちろん、全部は公開できませんが」

前述のホールはシェーファーの戯曲の紹介文で、モーツァルトは「幼稚なユーモアのセンス」を持ち、「子どもっぽくふるまうことで自分を成熟させないようにしていた」と結論を述べたが、わたしは断固ちがうと思う。モーツァルトのスカトロジー的な傾向は、幅広いことば遊びの一部で、ある意味では下品で未熟かもしれない。だが、わたしが考えるに、人間の体調に欠かせない要素に対するモーツァルト家全員の反応には、子どもっぽさよりも洒落好きな知性を示す受容力とウィットとユーモアのセンスが感じられる。

崇高なるモーツァルト神話の信奉者は当然ながらぞっとするだろうが、現実はそうひどくはないかもしれない。モーツァルト一家は、うわべをとり繕った現代社会に暮らしていたのではない——各家庭には水道も、配水設備も、いかに原始的なものであれトイレも存在しなかった。肉体の実態が、日常生活によく顔を出した。十八世紀のザルツブルクは、やがて到来するビクトリア朝時代の洗練された礼儀作法の舞台ではなく、気軽にふざけた言動をする余地があったのだ。

とはいえ、そうした実情を差し引いても、モーツァルト家の下ネタは——なんと表現するべきか——ふつうと言えただろうか。たぶん、完全にそうとは言えないだろう。どんな社会基準で考えてもちょっと下品で、だからこそ、この一家のほんとうの姿をうかがい知ることができる。わたしたちは二〇〇年ものあいだ、レオポルトの既成イメージ、すなわち、厳格に管理された一家を導く堅苦しい家長というイメージを無条件に受け入れてきたが、モーツァルト一家の手紙や肖像画やちょっとした資料からは、べつのイメージが浮かびあがってくる。たしかに、知的かつ勤勉で、地位と成功に関心の強い一家だが、互いにうちとけて、陽気で滑稽で楽しくて少しばかり騒がしい家族でもあった。わたしたちは成長過程で友だちの家を

＊正しいラテン語は *Ecce probatum est*、つまり「ここに証拠あり」だと思われる。

訪問するうちに、くだらない冗談を交わす家族と交わさない家族があることを知る。モーツァルト一家は、交わすタイプなのだ。

というわけで、指の匂いを嗅ぎ、音をたててうんちをするモーツァルトにとって、すぐに拭き取れるシュタールの小さな排泄物など、たいしたことはなかったはずだ。モーツァルトが作曲に使用した紙は上質で、現代の質の悪いコピー用紙からわたしが糞を拭き取るよりも、シュタールの糞をたやすく取りのぞけたことだろう。そして楽譜の完成版は遠ざけられていたはずだ。わたしもカーメンが書斎にいるときには、古い革製の日記やエミリー・ディキンソンの作品ひと揃いなど、大切な品々を鳥につつかれないところに置く（と言っても、棚の上に載せるだけで、完全にしまう必要はない――前述のとおり、わたしの肩から遠くへは行かないからだ）。インク壺は要注意だったかもしれないが、モーツァルトは全般的に、わたしよりも愛鳥に留意せずにすんだと思われる。わたしはというと、ほやほやの水っぽい糞がキーのあいだにすべり落ち、MacBook Proがいまにもショートして壊れるのではないかとはらはらしている。一度、過熱してファンがタパタパタパと音をたてるので店に持ちこんだところ、エンジニアが分解して、なかに挟まっていた〝餌〟を見せてくれた。「ああ、それは」とわたしは告白した。「じつは、ムクドリの糞なんです」どうもユーモアのセンスは皆無だったらしく、彼はファンの汚れをブラシで落とし、ゴム製のキーボードカバーをわたしに売りつけた。

モーツァルトのことば遊びの対象は、肉体の機能にかぎられてはいなかった。先に引用したベーズレ宛ての手紙で、彼は驚くべき空想の羽を広げている。手紙全体が、一種のゲーム、舞台、遊び場になっているのだ。親しい若き友人または恋人どうしの手紙によく見られる思考や日常生活のこまごましたことも含まれているが、大半は、翻訳が困難な内輪のもじりことば、おうむ返し、類義語、語呂合わせの寄せ集めだ。ばかげてはいても、それは計算されたばかばかしさで、『不思議の国のアリス』的な手紙と言え、けっして単なる戯言ではなく、驚異的で魅力にあふれた風変わりな知性のなせる技だ。挨拶（〝最愛のいとこ《ベーズレ》ちゃん、小兎《ヘーズレ》ちゃん〟）から、結びのことば（いつもの〝一万回のキスを贈る〟——愛する人への手紙はほぼどれもこのことばで結ばれているが、数字はときに一〇〇〇回、一〇万回、さらには一〇〇万回だったりもする）と、署名（〝古くて若い豚の尻尾《ザウシュヴァンツ》、ヴォルフガング・アマデー・ローゼンクランツ*〟）にいたるまで、この長い手紙にはみじんも退屈なところがない。「なつかしいお手紙をたしかに拝受再誦《さいじゅ》しました。叔父もじさんも、叔母ろばさんも、きみしろみも、みんな達者滑車だとわかりかかりました。こちらもおかげで、元気天気だよ。きょうは、ぼくのとうさんこうさんからも、書簡女官を受け取りました」そして、ベーズレが前の手紙でしたためた愛の告白を茶化している。「きみは、ぼくからも肖像画を送ってほしいと書き、ぶちまけ、漏らし、知らせ、公言し、白日にさらし、求め、望み、希い、欲し、願い、命じたんだね」こう茶化しつつも、恋愛の駆け引きらしく、あっさりと従っている。「うん、いい《ビアン》とも、きっと郵送空想するからね」

愛するいとこ宛ての手紙は奔放このうえないが、ほかの書簡でも、生涯を通じて、言語的な離れわざが

＊ザウシュヴァンツ（豚の尻尾）は、正しく発音すれば、ローゼンクランツと韻を踏むらしい。

ふんだんに示されている。モーツァルトは母国語のドイツ語から英語、イタリア語、フランス語、ラテン語へとじつに軽快に移り、いともたやすく韻を踏んだり語呂合わせをしたりするので、とんでもないことが行なわれている事実があやうく見過ごされそうになる。手紙の宛先で最も多いのは、父親のレオポルトで、彼は息子がちょくちょく便りをよこさないと気を揉み、叱り、報せを求めた。父親宛てのどの手紙も、韻を踏んだ〝モン・トレ・シェール・ペール（親愛なるおとうさん）〟で始まり、「その手に一〇〇〇回（あるいは一万回、一〇〇万回）のキスを」で結ばれている。モーツァルトは一七八四年（家族とムクドリを連れてドームガッセのアパートメントへ引っ越したわずか数カ月後）に、姉ナンネルの結婚にあたって次のような手紙を書いた。「マ・トレ・シェール・スール（親愛なるおねえさん）！　これは大変！　おねえさんがまだ純潔な処女であるうちに手紙を届けたいなら、すぐに書かなくてはなりません！　二、三日したら――手遅れですから！」続けて、祝福と冷やかしを送って、旅行の計画を伝え、最後にとりとめのない押韻詩で結婚生活の率直な助言を与えている（フェミニスト的な色合いを帯びたものだ）。

さて、もしだんなさんがむっつりして、
あなたには心当たりがさっぱりないのに、
眉間に皺を寄せているなら、
男の気まぐれだと考えて、
こう言いましょう、はい、だんなさま、昼間はあなたのお好きなように、だけど、夜はわたしの思いどおりに。*

一七八六年二月、ヴォルフガングはペルシャの哲学者、ゾロアスター（ニーチェのツァラトゥストラや、おそらくは『魔笛』のザラストロのモデルとなった人物）に扮して仮面舞踏会に出席した。そして、その作品の様式にならって謎々をこしらえ、ちらしに書き連ねて配布した。父親にも一部送ったようだが、ザンクト・ギルゲンに住むナンネルにそれを転送したときの、レオポルトの称賛のくすくす笑いが聞こえてくるようだ。「同封したちらしは、きみの弟がよこしたものです。最初の七つの謎は読んですぐに解けましたが、八番めはむずかしかった。これらの断片は、なかなかよくできています。それに、肝に銘ずるべきものです……このちらしはわたしに送り返してください**」

*悲しいかな、ナンネルの結婚生活はけっして幸せではなかった——昼間にせよ夜にせよ、希望はさして叶えられなかったようだ。この結婚の数年前、心から愛していたと思われる立派な若者が求婚していたが、その職業と将来性にレオポルトが異議を唱え、ナンネルを説得して断らせた。最終的に、レオポルトは娘を地方管理官のヨハン・バプティスト・ゾネンブルクと結婚させたが、相手は五人の子どもがいる年上の男やもめで、家はナンネルにとって愛情なき牢獄だった。もうけた三人の子どものうち、息子はレオポルトが育てた。結婚後、ナンネルとヴォルフガングはしだいに疎遠になった。

**進取の政治的なことば遊びの一例を挙げると、「もし、あなたが貧しい愚か者なら、K______r（Kleriker、聖職者）になりなさい。お金持ちの愚か者なら、領主になりなさい。貴族階級だが貧しい愚か者なら、パンを得るために、とにかくなれるものになりなさい。もし、あなたがお金持ちで貴族階級の愚か者なら、好きなものになればいいが——お願いだから——分別のある人にだけはならないように」

モーツァルトとムクドリの類似点には、おしゃべりとことば遊びのほかに、わたしが想像だにしなかったものがひとつある。モーツァルトは酒好きで、パーティーでよく酔っ払っていたと言われる。シュタールについてはわからないが、ワインはカーメンのいちばんの大好物だ。機会があればすかさず盗み飲みするし、ワイングラスをほかの器と見分けられることも判明した。カウンターに空のグラスをいくつか——ジュースのコップ、水を入れる脚つきグラス、ワイングラスなど——を並べると、まっすぐワイングラスに飛んできて、嘴を底まで突っこみ、翼を広げてバランスを保ちながら美味なる妙薬を探す。ほんの一瞬でも戸棚が開いていたら、ワイングラスの棚にすっ飛んでいき、いちばん近いグラスをスレートの床にたたき落として殺す。足の爪を切るなど、体の手入れのためにわたしたちがカーメンを捕まえる必要があるときは、グラスの底にワインをちょっぴり注いでおき、カーメンが嘴をおろして尾をあげた瞬間にぱっとつかむ。簡単きわまりない。こんな所業を受けたあと、カーメンは自制してワイングラスを避けようとするが、数日もするともうだめだ。アルコール好きが、相手の動機を疑う心に勝ってしまう。ときおり、わたしはほだされて、カベルネを自分のグラスからちょっぴり分けてやる（ほんの少しだけ——体によくないし、酔っ払いのムクドリがばさばさと跳ねまわる事態はごめんこうむりたい）。きっとモーツァルトも、シュタールに同じようにしてやったことだろう。

以前、この物語を探究しはじめたころ、モーツァルトとそのペットだったムクドリは、大胆な音声化と音楽性に共通の基盤を見つけたにちがいないと考えていた。だが、モーツァルトの人となりを知れば知るほど、そしてカーメンと暮らしてムクドリについて学べば学ぶほど、モーツァルトとシュタールの共通点は自分の予想を大きく上まわっていることがわかってきた。才気煥発ぶり、遊び心のある反抗、ほぼ休みなくおしゃべりする性癖。両者とも、落ち着きがなく好奇心旺盛で勝手気まま。両者とも、かくも音と興味深いできごとと美に満ちた世界ではじっと静かに過ごせない。両者とも、奔放にして独創的な音楽を絶えずこしらえずにいられない。*

『音楽の冗談』はべつにして、特定の音楽作品とモーツァルトのムクドリをじかに結びつけた人はいない。だからといって、結びつきがないとは言えない。耳のいい聴き手なら、モーツァルトの作品のあちこちにシュタールの影響が残っているのがはっきりと聴き取れるだろう。鳥っぽいフレーズが、のちの作品にたくさん顔を出している。オペラの悪役的主役のために作曲されたアリアには、ムクドリに似たいたずらっぽい要素がある。そしてシュタールの死後、モーツァルトの作品に、このマエストロと鳥に共通の奇

*モーツァルトはよく、(ある有名なエッセイが表現したように)〝賃金労働者〟であり、仕事として、生活のため、お金のためにしか作曲しなかったと言われる。たしかに、モーツァルトは生計を立てるために働かざるをえなかったし、職業人生の大部分はこの事実を頭に刻んで営まれていたが、楽しみ、芸術、愛のためにも作曲したのはまごうかたなき事実だ。彼は慈善目的でも作曲した。友人を楽しませるためにばかげた歌をこしらえ、客をもてなすために美しい室内楽を書いた。睡眠中にも作曲した。モーツァルトだから作曲したのであり、音楽が絶え間なく自然に体からあふれ出ていたのだ。

行を体現する人物が登場したことは、単なる偶然ではないとわたしは考える。

モーツァルトはオペラ『魔笛（Die Zauberflote）』の大部分を、ザルツブルクのミラベル宮殿のバラ園に設けられた小さなあずまやで作曲した。その窓から聞こえる鳥の声や、自然の移り変わりが、このオペラに漂っている。このバラ園は、『サウンド・オブ・ミュージック』でフォン・トラップ家の子どもたちが『ドレミのうた』を歌いながらくるくる回った、あの庭だ。あずまやはまだ残存しているが、残念ながら、わたしがザルツブルクに滞在するあいだは修復のために閉鎖され南京錠がかけられていた。それでも、あずまやの周囲をこっそり回ることはできた。バラのなかでひとり小さく一回転したあと、わたしは静かに座って、庭の鳥たちに耳を傾けた。モーツァルトが作曲中に聞いたのと、同じ種類の鳥たち（ヨーロッパコマドリ、エナガ、ズアオアトリ、クロウタドリ）に。そして思わず、ささやきかけた。「あなたたちの祖先の魂は、いまも『魔笛』のアリアのなかで羽ばたいているのよ」

エマヌエル・シカネーダーが書いた『魔笛』の台本は、フリーメイソン的な響きがあって話の展開が遅く冗長だが、ふたつの点によって救われている。作曲史上屈指の高揚感あふれるアリアと、パパゲーノという喜劇的な登場人物の存在だ。パパゲーノはふさふさした鳥の羽の衣装で現れる――生業として鳥を捕まえる〝鳥刺し〟なのだが、当人が鳥に似ているわけだ。最初の場面で、本来の主役のタミーノが大蛇に襲われたあと気を失う。そして夜の女王の侍女たちに救出されるが、彼が目を覚ましたとき、その場にはパパゲーノしかいなかった。「きみは何ものだ？」と、羽の衣装となよなよした物腰を目にして、タミーノは尋ねる。「おれか？」パパゲーノはいかにも怪しげだ。「おれは、あんたと同じ人間さ」横目使いで答えるさまに、聴衆みんなが疑いを抱く。タミーノが自分を救ってくれた礼を述べても、パパゲーノは勘ちがいを訂正しようとしない。戻ってきた侍女たちが、不実さの罰として彼の口に錠をかける。いちばんつらい償いだ！　〝おしゃべり〟をやめられないパパゲーノの滑稽な言動が、このオペラを通じて示されている。パパゲーノの性格は社交的で、魅力的で、せわしなく、風変わりで、羽に覆われ、音楽の才能があり、予想不可能で、煩わしいが、愉快——この人物の着想がモーツァルトの人生のどこから湧いたのか、推測にかたくない。パパゲーノは危なっかしげにばたばたと飛びまわり、よかれと思ってありとあらゆる厄介ごとに飛びこむ。いわば、いたずら好きの妖精《トリックスター》にして、シェイクスピア作品に登場する愚か者。悪ふざけによって、その知性と能力を覆い隠している。だれもが、端正なタミーノが持つとされる勇敢さに魅了されるが、じつは、ヒロインのパミーナが襲われるのを二回も救ったのはタミーノではなくパパゲーノで、声を見つけたパパゲーノにパミーナが加わって、力強い二重唱《デュエット》で愛を歌いあげるのだ。

台本を書いたエマヌエル・シカネーダーも、かなり癖のある人物だ。旅回りの一座を率い、座長、脚本家、俳優、裏方と種々雑多な役割をこなした。一七九一年、ウィーンに居を定めてアウフ・デア・ヴィーデン劇場〔アン・デア・ウィーン劇場の前身〕の支配人となり、ここでモーツァルトと旧交を温めた。このシカネーダーの発案で、ふたりは新しいジングシュピール（音楽が挿入された劇のこと——厳密なオペラでは会話のすべてが叙唱で行なわれるが、『魔笛』ではそれよりもせりふの部分が多い）を合作した。シカネーダーは豊かなバリトンの持ち主で、初演では自分でパパゲーノの役を演じた。おそらく、彼は舞台で生き生きとした存在感を放ち、さぞかしすばらしい鳥刺しになったことだろう。モーツァルトはそのアリアを、プ

パパゲーノに扮した台本作家のエマヌエル・シカネーダー。（イグナーツ・アルベルティによる版画、1791年）

ロのオペラ歌手ほど広くはないシカネーダーの音域に合わせて簡単なものにしているが、パパゲーノの旋律はじつに美しく、なんとも人間的で真に迫る情感があり、バリトンの声が本質的に雄壮なおかげで、聴き手はこれ以上何も望みようがない。

　パパゲーノは、ふたつのアリアのおかげでとくに愛されている。ひとつは、自分は鳥刺しだと告げる最初の独唱《ソロ》で、もうひとつは後半、同じく鳥の羽をまとったパパゲーナと歌う歓喜の愛のデュエットだ。このデュエットで、ふたりは将来小さなパパゲーノとパパゲーナをたくさんもうけようと計画する。いずれの歌も明るく快活な、ばかばかしくも魅力的な旋律で、このオペラでは、夜の女王のハイC音（ド）を超えるF音（ファ）で有名な責め苦めいたアリアとともに、頂点に位置する。音楽学者のなかには、このふたつのアリアによって、モーツァルトはウィーンの音楽界の活気のなさをからかったのだと主張する者もいる。あるいはアントニオ・サリエリ――才能は劣るが当時は社会的な地位も名声も高かった作曲家――を嘲笑するものだとか、いやパパゲーノの人物像がサリエリ本人を象徴し、愚か者に描かれているのだ、といった見解もある（『アマデウス』のサリエリ像はおもしろいが虚構だ――現実には、彼はモーツァルトを毒殺していない）。そうした説を受け入れたいのは山々だが、正直なところ、だれであれ、モーツァルト本人に関する知識が少しでもあって『魔笛』をありのままに味わった人が、そうした結論に達するとは思いにくい。『魔笛』からは、ほかの何よりも、ひとつのメッセージが伝わってくる。モーツァルトはパパゲーノが大好きなのだ。初期の公演のひとつでは、なんと、パパゲーノのグロッケンシュピール（鉄琴）をみずから演奏して舞台裏から登場し、シカネーダーを驚かしてさえいる！

有名なシアトル・オペラのディレクターだったスパイト・ジェンキンス（現在は名誉ディレクター）が、二〇一一年の『魔笛』公演プログラムに「パパゲーノの魅惑的な人間性」と題するエッセイを書き、パパゲーノはこのオペラで観客が最も早く感情移入できる登場人物だと主張した。「彼は、よき人生、たっぷりの食べ物、そして何よりもよき妻を欲した。われわれの知るところによれば、モーツァルトも同じ感情を抱いていた。妻のコンスタンツェを愛していたし、たぶんこの台本のなかで彼自身の感情を最も反映しているのは、パパゲーナに〝ヘルツェンスヴァイプヒェン（心からの妻）〟になってほしいというパパゲーノの思いだろう。ちなみにこのフレーズは、モーツァルトがつけたコンスタンツェの愛称である」ジェンキンス氏は『魔笛』の公演の監督を数多く手がけ、世界じゅうでこのオペラを数えきれないほど鑑賞してきた。先ごろ、そのジェンキンス氏とシアトルのコーヒーショップでお茶を飲みながら、パパゲーノは当時の音楽に対するモーツァルトの揶揄的論評を象徴しているのかと尋ねたところ、彼は声をあげて笑い、「パパゲーノはモーツァルトの〝ごくありふれた人間《エヴリマン》〟ですよ」と答えた。そして一瞬口をつぐみ、まっすぐわたしを見て言った。「パパゲーノはモーツァルトそのものです」

　モーツァルトについては、根強いが事実ではない神話が多くある――いわく〝おとなになりきれない子ども〟でつねに幼稚だった、生涯を通じて金に困っていた、貧困者の墓に埋められた……。そのうちのひとつで、モーツァルト研究で繰り返し語られるのは、彼が「だれよりも都会的な作曲家」であり、都市でしかくつろげず、その人生でも作品でも自然界から隔絶していたという見解だ。この誤解を遡ると、アルフレート・アインシュタイン（アルベルト・アインシュタインの親族と言われているが、確かな証拠はない）の研究に行きつく。彼は音楽史家で、モーツァルトの作品目録を最初に全面改定したことでよく知られる（現在も使用されているこのケッヒェル目録は、全作品をほぼ完成順に並べたもので、各作品が〝K.〟に続く番号で表される）。一九四五年の著書『モーツァルト――その人間と作品』において、アインシュタインは、この作曲家には自然への共感がないと断言した。この著書は当時の音楽的素養のある人々に読まれたが、もしトーマス・マンが最後の病の苦しみのなかで死の床の読み物として選んだという事実がなければ、現在では忘れられた文献となっていただろう。一九五五年に息子のミヒャエルに宛てた、人生最後から二通めの手紙で、マンは一時間程度なら体を起こして音楽を聴くことはできるが、それすらも神経にさわると書いた。むしろ、アインシュタインの著書を読むほうがいい、と。彼はアインシュタインの説を丸ごと受け入れ、みずから綴ったいまわの文によって、この受け入れがたい見解に不朽の命を与えた。

とくに関心を覚えたのは、モーツァルトが自然への感性をまったく持たず、建築、すなわちゼーエンスヴュルディヒカイテン（観光名所）全般への感性もなく、音楽そのものにしか刺激を見出さないで、いわば音楽から音楽をこしらえ、一種の芸術的な近親交配と濾過生成を行なっていたことだ——じつに興味深い。

モーツァルトの音楽がある意味、音楽そのものから生まれたという発想は哲学的な関心をそそるし、作曲の過程で彼の才能がどう作用していたのかは知るよしもない。曲はごく自然に彼のもとへやってきているようだ。だからといって、そこからモーツァルトには〝自然への感性がない〟という見解へ飛躍するのは、断じて支持できない。

なるほど、モーツァルトは都会の喧噪を好んだし、都会の生活で重要性を持つ社会的なことがらを——富や容姿、それから称賛をとくに——気にかけていた。だが、モーツァルトの手紙に目を走らせて、日々の行動を大まかに知るだけでも、彼が自然を愛し、野生のものたちから深い創造的刺激を得ていたことがわかる。ゲーテと同じく、最新の科学的な発見に関心を抱き、動物、天候、自然界の働きに注意を払っていた。きれいな鳥の絵を少しずつ収集し、その一部が先ごろモーツァルトハウスにまとめられて特別展示されたが、収集品はやがて植物の細密画にまで広がっている。彼は市外へ出るのが好きで、コンスタンツェとともに樹木の茂った場所でピクニックし、森があって鳥がたくさんいるウィーン郊外のプラーター公園を長々とそぞろ歩いた。「そんなに早く街なかに帰る決心がつきません」と、〝お腹の大きいかわいい奥さん〟と一日出かけたあとでレオポルトに書いている。ウィーン郊外の森で、数日滞在することになる別荘を見たときには、父親に歓喜の手紙を書いた。「この小さな家はたいしたことがありませんが、周辺環境ときたら！――森があって――そのなかに、まるで自然にできたような洞窟が作られ――すべてが壮麗でじつに快適です」モーツァルトはロマン主義の芸術家とちがって自然への思いを目に見える形でほとばしらせはしなかったが、その反応は率直で心からのものだ。彼は鳥を愛し、動物を愛し、乗馬を愛し、森のはずれを歩くのを愛した。これらすべてが、手紙と音楽で嬉々として表現されている。詩人のゲーリー・スナイダーは、野生性は「個々の意識の資質」であると書いたが、この野生性はモーツァルトに深く内在する本質的なものだ――彼には特有の生活態度が、どこに住んでいても野生のものと自然の領域に想像の羽を伸ばす習慣があった。こうした資質は、ある程度まで、わたしたちみんなが持つものだ。

屋内で過ごすカーメンの生活では、ひとつを得るためにひとつをあきらめている。野生の鳥の自由は望めないが、野生生活で直面するさまざまな危険にはさらされていない――苛酷な天候、不安定な食料事情、

ゾンビになる日光浴。（トム・ファートワングラー撮影）

ほかのムクドリとの競争、社交的な鳥ゆえにうつしあう寄生虫や病気、捕食者などなど。わが家でのカーメンの暮らしには、ほかの特権もある。自家栽培のキバナスズシロを手ずから与えられ、自分のためだけに卵を茹でてもらえる。チェロのホームコンサートを楽しめる。ノートパソコンをわが物にし、『となりのサインフェルド』の再放送を見ることもできる。そして、ペットの猫を飼っている。

こういった状況から、わたしはときどきカーメンが本質的に野生なのを失念するが、そこへ、とことん鳥っぽい突飛なことをしでかされ、驚きとともに現実を思い知らされる。日光浴もそのひとつだ。晴れた日には、わたしは本を手にして、明るいキッチンの窓辺の椅子にどっかりと腰をおろし、怠惰だが必要不可欠なムクドリの健康維持法をうながす。カーメンはわたしの腕か肩か、とにかく窓ガラス越しに陽光のぬくもりが強く感じられるところに止まる。ゆったりしたようすで、

楽しい水浴び。（トム・ファートワングラー撮影）

翼を広げ、首をかしげて、嘴を開き、体じゅうの羽を逆立てる。ごくやわらかいヤマアラシといった感じだ。嘴の端に唾液の粒ができ、なんだか猛毒を盛られたふうに見える。

鳥の多くはそうだが、ムクドリも日光浴中は休眠に近い状態になり、翼をだらんと広げ、できるだけ多くの光が表皮に届くようにする。健康への恩恵はたくさんあって、たとえばビタミンDの吸収、寄生虫の抑制、皮膚を守る油分の分泌、そしてたぶん精神面にもいいはずだ——わたしたち人間がビーチに寝そべったり瞑想したりしたときに、気持ちが落ち着いて元気が回復する現象に近いものがあるのだろう。日光浴中の鳥は、死にかけたゾンビに見える。瞳孔が開き、地面に横向きにぺたんと横たわるのだ。いままでに幾度となく、一般の人々から電話がかかってきて、〝病気と思われる鳥〟が庭でまさにこの状況にあるようすを説明されたことだろう。わたしは鳥小屋にカーメンが太陽をよけられる場所を必ず設けているが、日中の一定の時間帯に直射日光を浴びられる場所も何箇所かあって、日光浴の欲求や必要性を感じたら自分で行なえるようにしている。だが、例によってこの子は仲間を欲しがるので、わたしの肩か腕、あるいは頭のてっぺんに陣取り、大きく広げた翼の先端でかろうじてバランスを保ちながら陽光を浴びることが多い。わたしは個々の羽の完璧さに見惚れる。この風変わりな儀式のために、一枚一枚持ちあげられるのだ。カーメンは毎日のように日光浴し、その野性的で異様な姿に、わたしは毎回驚きを覚えずにいられない。

水浴びもほぼ同じくらいの長さだが、わたしにとってはもっと厄介だ。鳥小屋には、水浴び用の皿を置いていない。飛び散った水が鳥の糞と混ざって、床に敷いた新聞紙が悲惨なことになるからだ。キッチンの流しにボウルを置いても、カーメンは知らん顔で、わたしの肩から動かない――そのボウルをわたしに持っていてほしいのだ。水浴びは体にいいので、わたしは譲歩する。毎日、青緑色の〈フィエスタ〉ボウルを蛇口の下に持っていき、水を細く出してそのなかに溜める。カーメンが何度か出たり入ったりして、わたしの手首からボウルへ飛び、繰り返し頭をさげて羽を膨らませては、一〇分のあいだキッチンじゅうに水を跳ね散らす。レインコートを着ていなかったら、わたしはあとで、ずぶ濡れの洋服を着替えるはめになる。日によってはちょっと困るが、愉快でもあるし、カーメンは見るからに水浴びが気に入っている。浴びおえると、肩に飛んできて犬よろしく身震いし、わたしの耳を水で塞いでから、鳥小屋へまっすぐ飛んで帰り、二時間は何があっても出てこようとしない――洗いたての羽を一枚ずつ繕うのに忙しいのだ。*

カーメンが最初の換羽を迎えたとき、わたしは水浴びのしかたを教える必要がありそうだと考えた――なだめすかして水に入れ、場合によっては、頭の上に水を垂らして、歩道の水たまりに頭を突っこむ野生のムクドリのしぐさをうながす必要があるのではないか。なにしろ娘のクレアにも、幼少のころ、水を怖がらずに髪を洗えるよう教えなくてはならなかったのだ。おそらく、ムクドリの幼鳥も年上のムクドリから見よう見まねで水浴びを教わっているはずだ、と。だが結局、〝頭をあげさげして羽ばたいては水を跳ね散らす〟動きは生来のものだとわかり、羽が生え換わるのとほぼ同時に、カーメンはコップの水を浴びようとした(わたしが飲もうとした、そのときに)。日光浴と同じく、水浴びも完全に生得の行動なのだ。

ところが、ほどなく、もっと根深い先天的な野生性のしるしを発見することになった。

ある日、カーメンは鳥小屋で窓辺の止まり木をうろついていた。すると、クーパーハイタカが突然現れて、すぐ外の大きなツバキの木にしばらく止まってから、足を前にあげ、鉤爪でカーメンの胸を狙って、閉じた窓に飛びかかってきた。その窓辺には、ふだんから多くの鳥が飛び交っている。アメリカコガラ、ヤブガラ、メキシコマシコ、ハチドリ。カラスなど、クーパーハイタカくらい体が大きい種もいる。カーメンはそれらを好奇心満々で観察する。ときには、よく見ようとしてぴょんと近づいたり、逆にぴょんと離れ、なんだろうと言いたげに遠くから見守ったり。この日は、生まれてはじめて目にする〝鳥食い動物〟が窓辺に来たわけだが、カーメンはよもやそんな声が出せるとは思わなかった金切り声を出し、猛然と部屋を横切ってわたしの肩に止まると、その後一五分ほどあえぎ、身を震わせていた――これもまた、見せたことのない挙動だ。クーパーハイタカはさらに何度か窓に体当たりした（すぐ近くの木から飛びかかるので、たいしてスピードを出せず、けがもしていなかったが、おそろしく腹を立てているようすだった）。そして、ピンク色の花盛りの枝から二時間ほどじっとなかをのぞきこんでいた。いっぽう、わたしの肩には、危うく死を免れたつもりでいる、ふいに野生返りした鳥がいた。こうした野生の英知は、それまで、カーメンが持っているのかどうか定かではなかった。だが、どうやら鳥の、いや、わたしたち生物それぞれの血に、心に、想像力に息づいているようだ。

モーツァルトとそのムクドリの物語を追いかけだしたとき、わたしはたまらないほど魅力的な矛盾をその中心に見出した。なにしろ、歴史上とくに偉大で愛されてきた作曲家が、ありきたりで嫌われもののムクドリから創造的刺激を得ていたのだ。いま、たくさんある要素のひとつひとつに思いをめぐらせてみる

＊あるフェイスブックの動画が広まったせいで、思わぬ展開になった。その動画では、タトゥを入れた筋骨たくましい男性が、わたしたちがカーメンにしてやるように、色鮮やかな小さなフィンチをシンクで水浴びさせていた。ただし、ボウルではなく、てのひらに水を溜めて。みんながその動画を送ってきて、わたしは無邪気に考えた。わあ、カーメンも気に入りそう！　大きなまちがいだった。わたしの手は動画の男性のものよりかなり小さいし、カーメンはフィンチよりもかなり大きいので、相当な注意が必要なのだ。だがカーメンはたしかに気に入り、たちまちつけあがった。長らくボウルを拒んで、あくまで手を要求し、おかげでわたしはいっそうずぶ濡れになった。

と、この物語はじつにすばらしい。そう、考えていたよりもはるかに。だが、わたしはこれらの鳥たち――一羽は歴史上の、一羽は自宅にいる――と歩んできた道をふり返って、鳥も人間もよくやるとおり、自分が輝かしいものに心惹かれる罠にはまっていたことに気がついた。突き詰めてみると、真にすばらしいのは、この物語の異例さではない。平凡さなのだ。

わたしたちの生活に絡む生き物たち、日々見かけて、都市施設や自然の場所から――軒下や階段の吹き抜けや排水溝や道端から、枝のあいだや木の葉の陰から――こちらを眺めている生き物たちと、わたしたちはすべてを共有している。呼吸、生態、血を。食べ物や水やすみかが必要なことも。異性と連れ添い、あらたな命を誕生させ、わが子に安全と温かさと食べ物を確保せずにいられないことも。ときには病気にかかったり苦しんだりし、そういう場合には当然ながら弱くなることも。わたしたちはすべてを、昼も夜もあらゆる瞬間を、計り知れない歳月のあいだ絶えず分かちあってきた。そして、しかるべく注意を払っていれば、共通するこの地上の生活のなかに、ほかの生き物に慈愛と共感を抱く理由を見つけられる。

わたしたちには、こうした肉体的な要請以外にも、じつに多くの共通点がある。そう、わたしたちはみんな、うんちをする。だが思考もする――必ずしも人間と同じではないだろうが、完璧かつすばらしいやりかたで。わたしたちは絶えず意識に、たぐいまれな知性の離れわざに囲まれている。生き物はみんな、固有の手法や戦略を持つ。それぞれが独自の実在、声、沈黙、歌、肉体、場所を持つ。みんな同じでありながら、独特でもある――活力と意識のみなぎる地球で存在をともにしているがゆえの現象。いわば、野生の霊的交感なのだ。これを自覚することで、わたしたちは単なる慈愛を越えて、もっと確かで、もっと本質的な結びつきへ、一体感へと移行していく。

モーツァルトもこれを感じていたはずだ。当初は、わたしと同じく、輝かしい側面に心惹かれた——彼の場合は、自分が作った曲をシュタールが歌い返してくれたことだ。けれども、くだんの哀悼の詩から、当初とはちがう関係が発展していたことが見て取れる。音声模倣については、ひとことも触れられていない。この詩は、マエストロの生活に遊びと音、歌、喜び、友情をもたらした、心をともにする生き物に捧げるものだ。シュタールに着想を得た作品のなかにも見出せる——共通のいたずら心、音楽、歓喜を。

〝kinship（類似、密接な関係）〟という語は、古英語の〝of the same kind（同種の）〟に由来し、同種だからこそ関係性が生まれる。〝kindly（思いやりがある、情け深い）〟と〝kindness（思いやり、親切心）〟も語源は同じで、〝kinship〟から生じた他者への態度なのだ。

わたしはつねづね、あらゆる生き物——それこそ、ありとあらゆる生命体——は親戚だと考えている。原生林の奥深くをひとりさまよおうが、都会の歩道脇に生えた一本の木にただ寄りかかるだけだろうが、あたかも天地創造の時代にいるかのように、わたしは親族関係のなりたちを肌で感じられる——生態学的にも、そして、聖なる存在を頭上に頂くという意味でも。かたや北米のムクドリは、かわいらしいが、この幻想に亀裂を走らせる。こうした総体の外で羽ばたいているのだ。とはいえ、わたしの考えは変化してきた。生態学的には、たしかにそのとおり——ムクドリはわが国、わが町に属してはいない。だが、関係性という点では、話はべつだ。わたしたちは絡みあった複雑な世界で一緒に生きている。わたしの生態学的な根深い欠点を、ムクドリが物まねしてみせるのが聞こえる。カーメンはこの世の肉体、声、意識を持つ生き物だ。この点において、わたしたちは姉妹なのだ。では、家の周辺の緑地帯にいる、すべての招かざるムクドリたちは？　そう、彼らもまた、わたしの親族だ。

生命、肉体、頭脳は完全に分離しているというデカルト学派の思想は、現代文化に確たる地歩を保っている。わたしたちが仕事で、学問で、日常のちょっとした妬ましいできごとで反目しあうさまに、それが見て取れる。農業、娯楽、科学実験で動物を軽んじてもよいとする文化が存在しつづけることにも。とはいえ、よく注意を払うなら、わたしたちが別々の隔絶した存在ではないことに気づくはずだ。わたしたちは、広大で冷淡な大地をさまよう小さな孤立した精神ではない。親族に、あらゆる生命に囲まれ、旅人仲間とともにいる。上を歩くのではなく、内面を歩いているのであり、この〝内なる感覚〟が生命への想像力をもたらす。わたしたちはインスパイアしあって――文字どおり〝息を吹きかけ〟あって――いるのだ。

わたしたちの創造性とほかの生き物とのかかわりも、語源が美しく絡みあっている。〝creative（創造的な）〟と〝creature（生物）〟は同じ起源で、ラテン語の〝creare〟、すなわち〝創造する、生やす、生み出す〟という語から発生した。アーシュラ・ル＝グウィンの愛するアースシーの若き魔法使い、ゲドは、個人の誇りが地に墜ちたあと、賢い人間は「それがことばを持つものであろうがなかろうが、ほかの生き物からけっして離れない人」だと悟って、「その後は、動物のまなざしや鳥の飛びかた、あるいは木々のゆっくりしたそよぎからも、学べることを黙々と学ぶようになった」こうした理解を通じて、わたしたちはあらたな総体に到達する。肉体も想像力も受容力が増して自由になり、独自のすばらしい創造力が高まる。自分たちの生活や文化に耳を傾ける芸術家になるのだ。

モーツァルトがシュタールとともに、そしてわたしがカーメンとともに学んだとおり、目の前に存在する個々の生物――この鳥、このアライグマ、この樹木（樹木も彼らなりの意思疎通と理解の体系を持つことがわかってきたので）――を通じて思いやり深き霊的交感にいたるのは自然なことだが、これら個々の生物はそれで終わりではなく、生物の総体への窓のようなものになる。わたしはカーメンがモーツァルトの協奏曲のモチーフを音声模倣してくれるのをひたすら待っていた。だが、いまは、この子がはるかに大きな、はるかに生気にあふれたものを声高らかに示しているのだとわかった。カーメンは生命の歌、生命のすべてを、絶え間なく歌っているのだ。

第九章　モーツァルトの耳と天球の音楽

ザルツブルクのモーツァルトの生家には、重要性の低い収集品――カード類、コンサートのちらし、遠い親戚のシルエット肖像画など――が、ガラスケースや壁にところ狭しと並べられた小部屋がある。わたしが訪れた日は天気がよかったが、どの部屋も暗かった。この博物館で数時間過ごし、見たいと思っていたものはすべて見たあとで、わたしはさっさと外の明るい世界へ出たい、入りしなに玄関の上がり段で見かけた栗売りのところへ行きたい、という気持ちに駆られた。だが、はるばるここへ来たのは、こうしたささやかな品をじっくり眺めるためだったと思い出し、ため息をついてその部屋の入り口をくぐった。たいして心を惹かれるものはなかったが、ふと、小さな石版画《リトグラフ》に目が留まった。はがき大くらいで、部屋の出口近くの、胸の高さに掲示してある。描かれていたのは、ペンシル画の耳ふたつだ。右側の耳には〝Gewohnliches Ohr（ふつうの耳）〟という標示が、左側のものには〝Mozart's Ohr（モーツァルトの耳）〟という標示がある。

この素描は、コンスタンツェの二番めの夫、ゲオルク・ニコラウス・フォン・ニッセンが書いたモーツァルトの伝記に印刷されていたもので、「モーツァルトの耳の構造はふつうとははっきり異なる」という注釈が付され、ヴォルフガングとコンスタンツェ夫妻の息子、フランツもこのまれな耳の形を受け継いでいるとも書いてあった。素描を目にしてすぐはどちらの耳もふつうに見えたので、わたしはこっそりと、部屋にいるほかのモーツァルト巡礼者の耳を調べて、ふつうの形とはどういうものなのか確かめてみた。なるほど、モーツァルトの耳には、少なくともふたつの相違点がある。上部のカーブを描いた大きな部分、いわゆる対耳輪《たいじりん》（あとから耳たぶの構造を調べて名前を知った）が幅広く平らでやや四角っぽく、外耳道の

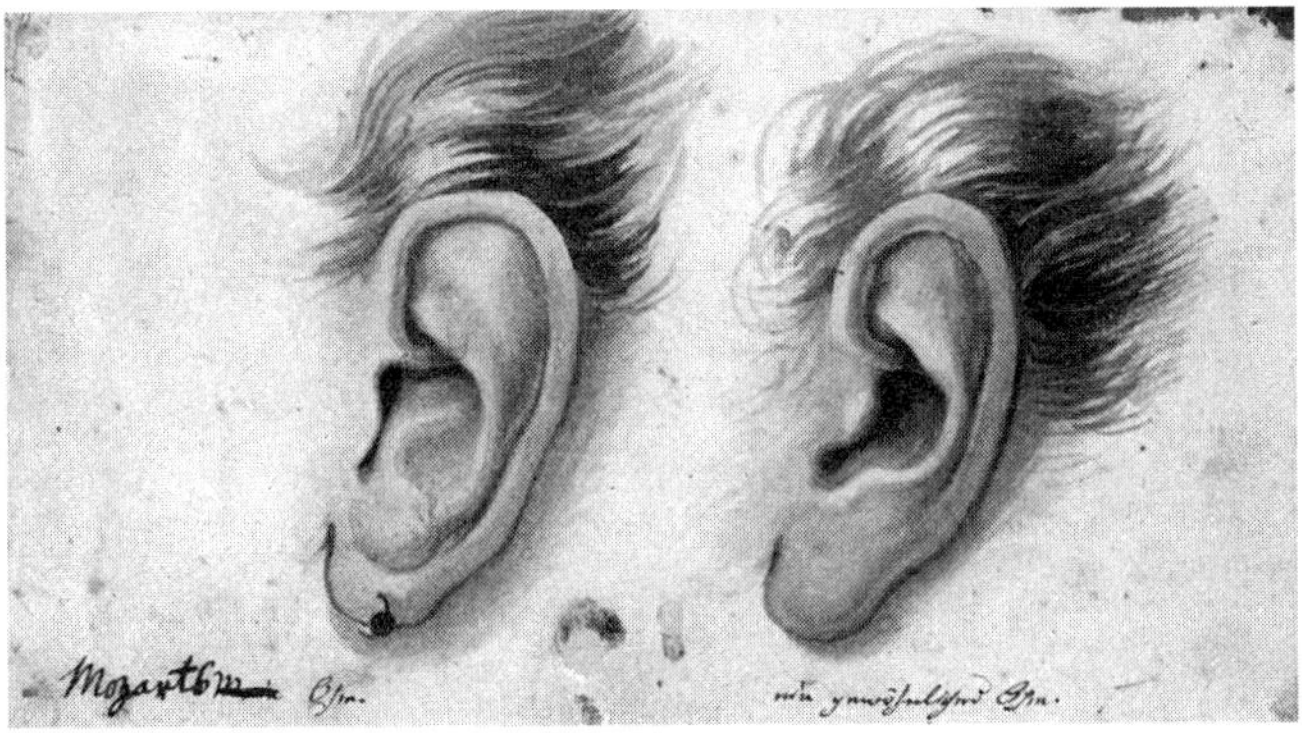

モーツァルトの耳の素描。

前にある小さな突起、すなわち耳珠がかなり小さい。ニッセンのこの主張を裏づけるような、モーツァルトの肖像画を見つけるのはむずかしい。たいていは、髪の毛が耳を覆っている。だが、フランツと兄のトーマス（モーツァルトの子どものうち乳児期を生き延びたふたり）の少年時代の肖像画から、フランツの耳珠が小さいのはうかがえるし（耳の上部は見えない）、ニッセンの伝記は、当時だれよりもモーツァルトの耳について知っていたであろうコンスタンツェが検分している。彼女は伝記の不都合な内容をいくつかごまかすよう主張したが、耳については誤った情報を読者に伝えるいわれがない。この素描は信用できそうだ。* 耳の形がちがうことをモーツァルトが恥ずかしがっていた、という可能性はある——本人が耳を隠したがったから、肖像画では必ず何かで覆われているのかもしれない。ふつうと異なるこの耳の形は、今日でもめずらしいが、事例がないわけではなく、専門家のあいだで

＊ふつうと異なるのは左の耳だけだと主張する学者もいる。何枚かの肖像画では右耳が描かれているが、左耳はつねに隠されているからだ。ニッセンは耳の説明で、はっきりと複数形を使っている。

は俗に〝モーツァルトの耳〟と呼ばれている。

ほかの人はともかく、作曲家にとって、耳の形がちがうことはどんな意味を持っていたのだろう。モーツァルトのような、音を通じた創造に人生を捧げた人物にとって。オーストリアから帰国後、わたしは耳鼻科医と聴覚学者に話を聞いてみた。だれもが憶測だと断ったが、示された意見は一致していた。完全に形成された耳珠は、前後両方から音を聞き取るのに役立つ。前方から聞こえる音は、内耳には強すぎることがあり、耳珠はそうした音をわずかながらやわらげる小さな防壁の役割を果たすようだ。背後から来る音は、逆に、すでに耳介で弱められているので、耳珠は正反対の機能を提供する——音を集めて内耳へ反射させる漏斗の役割を果たすのだ。この耳珠が小さいか存在しない人にとって、前方の音は通常より大きく、豊かで、微妙な差異まではっきりと聞こえるだろう。いっぽう、後方の音は分散するか弱められ、どこから来たのか判別するのがむずかしい。

こういったことが作曲家としてのモーツァルトにどう影響したかは、あくまで憶測の域を出ないが、少なく見積もっても、わたしたち大多数の人間とはいくらか異なる音を体験していたはずだ。こうした聴覚のちがいが作曲に影響をおよぼしたかどうか示すのは不可能だとしても、日常生活で音に並々ならず神経を集中させることになったのはまちがいない。たぶん、モーツァルトは頭を傾けることで、前方の音をやわらげて後方の音を識別していたか、増幅された音の感覚のちがいを平衡させていたのではないだろうか。かわいらしく首をかしげるカーメンの姿が、ふと頭に浮かんだ——名前を呼ばれたときか、音楽を、いやなんにせよ注意深く聴いているときに必ず、不思議な鳥の耳を上に向けるしぐさが。シュタールも、ほかのムクドリと同じく、このしぐさをしたはずだ。

初春のある朝、わたしは自宅近くの樹木が茂る公園を散歩していた。渡りのタイランチョウ、フウキンチョウ、ツグミ、アメリカムシクイが、長い空の旅でやせ細って到来しはじめていた――はるばるメキシコ、中央アメリカ、南アメリカから。その日は双眼鏡を家に置いてきたので、散策に集中し、春がもたらす成長やさまざまな動きやさえずりの猛攻に備えて非視覚的な感覚を鍛えることにした。アスペンの木から小さな鳴き声が聞こえ、立ち止まって耳を傾けた。そこへ通りがかった若者が足を止め、なぜかこちらをふり返った。「その首のかしげかたがいいですね」と彼は言い、また歩きだした。こんな奇妙な褒めことばをもらったのははじめてだが、わたしは気に入った。そうなんです、と胸のうちでつぶやいた。これこそ、身につけたい姿勢なんですよ。首をかしげて、ふつうにしていては聞こえない何かを聴きとる姿勢。

鳥の歌は、そうした傾聴をうながすのにもってこいだ。サリー大学のエレナー・ラトクリフは、鳥の歌が聴き手におよぼす影響を測定する研究に長年携わっている。そして、鳥の歌に対する人間の反応は、歌そのものと同じくらい多様なことを突き止めつつある。わたしたちの大半は、たとえば巣から捕食者を追撃するカラスが出すような、耳障りな声に不快感を覚える。では、クークー鳴くハトの声やコマツグミの春の歌を耳にしたとき、あるいは、ただ庭の鳥のおしゃべりを背景音として聞いたときには？ ラトクリフやほかの人たちの研究から、たいていの人間はストレスが減り、心穏やかになって、集中力が増し、気分が上向き、創造性が高まることがわかった。人によっては、鳥の歌を聴いていると瞑想状態に入りやすいという。

こうした反応はどれも、音楽作品がわたしたちの気分を高揚させたり転換させたりして、周囲の世界の受容能力を増大させるのに似ている。音楽も鳥の歌も、わたしたちの鼓膜を軽やかに通り抜け、脳とつながって、気持ちを晴れやかにし、恍惚とさせてくれる。鳥の歌は、ほかの環境音以上に、音の高さ、リズム、軽快な抑揚、繰り返しなど、音楽的なことばで語っている。とはいえ、はたして鳥の歌を音楽と呼んでもいいのだろうか。比喩としては、議論するまでもない。スズメ目の鳥が繁殖期に発する声に〝歌〟という単語を選んだのはほかならぬ人間だし、ごく専門的な鳥類学の教科書にさえ、この単語は使われている。だが、比喩の範疇を超えて、鳥の歌は人間が作ったものと同じ意味で音楽だと提唱しようものなら、大半の人が存在すら知らない学問的論争に巻きこまれることになる。

鳥の歌は、霊長類が登場する何百万年も前から、地球上のほぼあらゆる生息環境に鳴り響いていたので、人間は鳥類の音楽を背景に進化したことになる。どの大陸のどんな文化も、またモーツァルトが生まれるはるか前やあとの文化も、その土地の鳥が出す声に感化され、それらをもとにして音楽を発展させてきた。長年のあいだ、博物学者、鳥類学者、音楽学者、哲学者、詩人たちが両者に共通点や対応物を見出してきた。音階、装飾音、トリル、転回、主題、変奏。必ずしも、さえずるスズメ目の鳥すべてが、こうした人間の音楽の属性を残らず用いるわけではないが、これらの属性はすべて、世界各地の鳴き鳥のレパートリーに組みこまれている。ダーウィンは鳥の歌と音楽作品の類似性に気づき、鳥は美的感覚を持っていると考えた。著名な鳥類学者のルイス・バプティスタは、「なぜ鳥の歌は往々にして音楽に似ているのか

（"Why Birdsong Is Sometimes Like Music"）」という論文で、「鳥の歌には西洋音楽と同じ音階を持つものがあり、だからこそ、人間はこれらの音に惹かれるのではないだろうか」と述べている。ほかの著名な鳥類学者たちも、同様の発見をしている。たとえば、ミヤマシトドは最初の音と二番めの音を完全四度の音程で歌う。ムナジロミソサザイは、滝のように音が落ちていって砂漠の岩壁に跳ね返る華麗な鳴き声で知られるが、一オクターヴ一二音の半音階で歌っている。また、モリツグミの階層状の歌は西洋の音階に合致する。こうした事例は、枚挙にいとまがない。

人間の音楽と鳥の歌を比較したじつに興味深い本を、プロセス神学者のアルフレッド・ノース・ホワイトヘッドの教え子、チャールズ・ハーツホーンが著している。ホワイトヘッドと同じく、ハーツホーンは地球の創造過程に神性を見出し、その過程に人間も参加しているとした。彼は才能豊かで熱心なアマチュアの鳥類学者でもあり、じつに一世紀近く――一〇三年の人生のほぼすべて――を鳥の歌の研究に捧げて、その結果を一九七三年の著書『歌うために生まれた――鳥の歌の解釈と世界的な調査（Born to Sing: An Interpretation and World Survey of Birdsong）』にまとめた。科学的な観察と定量化を詩、哲学、可能性の領域と結びつけた独特な本だ。ハーツホーンは生涯にわたって鳥の歌に耳を傾け、人間の音楽作品のほぼあらゆる要素を見出した。アッチェレランド（しだいに速く）、クレッシェンド（しだいに強く）、リタルダンド（しだいに遅く）、ディミヌエンド（しだいに小さく）。構造、リズムの変化、メロディ、ヴァース。鳥と人間の音楽の本質的なちがいは、長さだとハーツホーンは言う。鳥の歌の場合、繰り返される旋律には約一五秒という上限があるのだ、と（どうやら、彼はムクドリを記録に含めていなかったようだ）。

事例にじゅうぶんな証拠記録があり、読者が驚嘆する内容なのにもかかわらず、ハーツホーンの本は議論を広げすぎだし、推測が多すぎると批判されてきた――このテーマを語るには哲学的すぎる、これは科学の砦にきちんと収めるべきテーマだ、とも。近ごろ『アニマル・ビヘイビア』誌に掲載されたある論文は、こうした認識を正そうとしている。「鳥の歌は音楽か？　新熱帯区の鳴き鳥の歌の和声的音程を評価する（"Is Birdsong Music? Evaluating Harmonic Intervals in Songs of a Neotropical Songbird"）」において、ニューメキシコ州立大学動物行動学研究室の博士号取得候補者、マーカス・アラヤ＝サラスは、キタナキミソサザイ（*Microcerculus philomela*）の声を研究した。この種を選んだのは、歌が複雑で音楽的な響きを持つからだ。鼠よりも少し大きめで、全身茶色だが、胸に黒とクリーム色の優美な斑点模様がある。目は大きくて黒い。それが頭をうしろに反らして歌うと、まるで変身したかの印象を受ける――歌が驚くほど高らかで美しいせいか、実寸の二倍くらい大きく見えるのだ。歌いおえたあと、巨大なミソサザイは姿を消し、ただの鼠っぽい鳥に戻る。

アラヤ＝サラスは中南米の生息区域各地からキタナキミソサザイの記録を集め、八一の個体の歌を、代表的な音階である半音階、長音階、五音音階と比較しながら分析した。これらの音階は「鳥の歌の基礎をなすのではないかと直感的に思われるパターンの代表」だと彼は言う。そして評価の出発点として、「和声的な鳥の歌の仮説」を唱えた。仮に鳥の歌が音楽であるなら、そのひとつづきの音は偶然とは言えないくらい、これら一般的な音階の和声的音程に近い、というものだ。彼は二四三の記録をこれらの音階と比較し、ミソサザイの歌が和声的音程に一致するかどうか測定して、全比較事例中、和声的音程で歌っていたのはわずか六例、つまり二パーセントあまりだと確定した――偶然に期待できるのと同じ割合で、それ以上ではない。アラヤ＝サラスは「この鳥種において和声的音程が頻繁に測定されないのなら、より複雑な歌の要素を持つほかの鳥でそうである可能性は低い」と論じた。そして、音楽と鳥の歌にさらに類似点があると唱えるのは、まったくの誤りであると結論づけた。「鳥類について記録された音楽的な資質は、聴き手の文化的な先入観か、音楽作品の物理的特性に対する誤解によってもたらされたのだろう」

アラヤ＝サラスの結論に、一瞬、わたしの思考は止まった。〝鳥類について記録された音楽的な資質は、聴き手の文化的な先入観か、音楽作品の物理的特性に対する誤解によってもたらされたのだろう〟ですって？　言い換えるなら、〝鳥の歌を音楽と考えるのは、嘆かわしい誤解だ〟になる。この研究は、思考の糧がふんだんで興味深いが、結論をいちじるしく広げすぎている。この論文はあくまで、スズメ目に属するひとつの種が和声性を示していないことを報告するものだ。それぞれ独自の歌を持つ約四〇〇〇種のうちの、たった一種。しかも評価の指標は、西洋音楽のごく一部の音階だけ。人間が音楽とみなす音階や和声の形は、西洋にも、世界各地にも、ほかにたくさん存在する。では、この鳥種の歌が西洋のいくつかの音階に厳密に一致してはいないという結論は？　それくらいは、わたしたちもすでに知っている。だからといって、この歌がなんらかの形の音楽ではない、つまり音楽的ではないと言えるのだろうか？*

デイヴィッド・ローゼンバーグは、哲学の学者にして音楽家であり、博学なアマチュアの鳥類学者でもある。そのすばらしい著書『なぜ鳥は歌うのか――鳥の歌の謎を探る（Why Birds Sing : A Journey Into the

Mystery of Bird Song)』で、彼は鳥の歌の目的と本質を区別するのを怠ってはならないと警告している。鳥の歌の機能に関する鳥類学的な説明は、わたしたちも知っているとおり、縄張りの形成と防衛、性的に成熟したという告知、繁殖相手の誘引と確保で、これらは鳥の歌の目的に相当する。では、鳥の歌の本質は？「音楽だ」とローゼンバーグはきっぱりと言う。わたしが持っている大学生向けの鳥類学の教科書では、著者のジョエル・ウェルティとルイス・バプティスタが、鳥の歌の生殖的、社会的、個体的な一般機能を挙げたうえで、鳥が「精神的な健康のため」に、あるいはただ「楽しいから」歌う可能性を除外できないと言い添えている。そして前述の哲学者、チャールズ・ハーツホーンは、鳥の歌の鳥類学的な機能に〝至福感〟をつけ加えている。

だが、〝鳥の歌は厳密な意味で音楽と言えるか〟という問いは、考えれば考えるほど、よい問いではあるけれどもわたしが追究すべき問いではない、と思えてきた。鳥の歌と音楽のしかるべき関係を明確に定めることは、科学者や音楽学者にとって意義があるかもしれない。〝音楽〟や〝和声〟といった語の辞書的定義に縛られた学究的な場では、こうした議論はおもしろいし価値がある。この種の知の追究には固有の美があり、わたしはそれを軽んじるつもりはない。では、この瞬間においては？　わたしは本書を執筆中で、モーツァルトの協奏曲がステレオから静かに流れ、小さな丸っこいサメズアカアメリカムシクイが書斎の窓の外の木から、トリルのさえずりをアレグロの楽章に重ねている。目を閉じて、耳に入ってくるふたつの調べを聴いても、これらを完全に識別することができない。どちらか一方が音楽で、もう一方がそうではないと言うのは、しみったれでけちくさい感じがする。こうした問題では、わたしはけちけちしたくない。太っ腹な気分になりたいのだ。

べつのある日に、自宅近くの樹木が茂る公園で過ごしたときのこと。季節はもう夏で、わたしは草地に座り、ベイマツの太い幹にもたれかかって、古いヒロハカエデの節くれだった太い枝を見あげていた。このあたりは苔に覆われて、公園のなかでも手入れがさほど行き届いておらず、人があまり足を踏み入れない場所だ。わたしは二羽の若いワタリガラスの騒々しい声に心惹かれ、ひと目見ようとここへさまよいこんでいた。ワタリガラスはこのへんではあまり見かけない種で、今回、数年ぶりにこの公園で営巣に成功した。三羽の雛が孵ったものの、一羽はまだ小さくて弱々しいうちに、おそらくはリードをはずされた犬によって殺されている。わたしはここで生きたまま蚋に食べられつつも、じっと留まりつづけた。なにしろ、幼鳥の一羽が絡みあった枝のあいだから飛んできて、すぐ横の木に止まり、きょうだい鳥に呼びかけているのだ。クラアアウ、クラアアウ！　なんと大きな声だろう！　この幼鳥は、自分の種に特有の低い

＊多くの高名な学者が、アラヤ＝サラスの結論に強く異議を唱えている。とくに雄弁な反論が、『学際的音楽研究ジャーナル（Journal of Interdisciplinary Music Studies）』に掲載された、エミリー・ドゥリトルとヘンリック・ブラムの「ウタミソサザイの歌――ウタミソサザイの歌における協和音程とパターン（O Canto do Uirapuru:Consonant Intervals and Patterns in the Song of the Musician Wren）」という論文でなされている。著者たちは、いみじくもウタミソサザイ（musician wren）と名づけられたべつの南米のミソサザイをはじめ、多くの鳴き鳥の歌と、人間が音楽とみなす概念との類似性について概説した。彼らは、こうした類似性の探究は、一面的な、あるいは完全に誤った結論を防ぐためにも、音楽、鳥類学、聴覚学の専門家が知識を分かちあう学際的な見地からアプローチするのが最善だ、という歓迎すべき主張をしている。

しわがれ声をもう体得しているので、ほかの種と区別がつく。だが騒々しい声を出しているにもかかわらず、冷静に見えた。心は静かで、声はうるさい。無邪気な幼鳥らしく、いかにも恐れを知らないようすで、わたしを見おろす。そして羽を膨らませて、もう一度鳴いた。一緒にいるのは心地よかった。わたしは持参したノートに、木を、そしてこの鳥をスケッチした。自分の絵をちょっと眺めただけで、できがよくないとわかった。そこで目を閉じ、耳を傾けた。

アメリカガラス。ムネアカゴジュウカラ。近くの巣でチーチー鳴くムクドリたちと、木をコツコツ叩くセジロコゲラ。コマツグミ。オリーブチャツグミの螺旋を描くような歌。人間の子どもたち。行き交う車。バイク。埠頭に船体をつけるフェリーのうなり。ヤブガラに、アメリカコガラ。ナキヒタキモドキ。わたしの知らない鳥(知らないせいで、なんとなく気分がよくない)。シダとハックルベリーとロサ・ヌトカーナが絡みあった茂みの下から聞こえるカサカサという音。ハツカネズミ？ ミソサザイの一種？ いや、この都会の森林公園では、おそらくクマネズミだろう。ひとりの女性がわが子を呼んでいる。「ギャァビィィ！」――唯一、ワタリガラスの声より大きな音だ。ホシワキアカトウヒチョウ。アメリカガラスがもう何羽か、ひどく興奮している(ワタリガラスがいやなのか、それとも、近くにアシボソハイタカでもいるのか)。目をずっと閉じていると、すべての音がやわらぎながらも、強まって混じりあう。それらが自分を取り巻くところを、わたしは想像してみる。この体をぐるりと包む共鳴模様のブランケット。ところが、耳のすぐ横で、キーキー鳴く声がする。わたしは驚き、つい目を開いて見てしまう。樹皮にしがみついたアメリカキバシリだ！ わたしは冷静でいられない。アメリカキバシリはじっとしているわたしを気にも留めず、足の爪で引っ掻く音をトラックの轟音さながらこの耳に響かせる。金切り声をあげたいが、わたしは目をまた閉じる。もっと、ぎゅっと。キバシリのせいで高ぶった神経をなんとか静めようとする。自分の呼吸の音が聞こえるだろうか。聞こえる、胸の鼓動も。

ようやく目を開いたとき、わたしは時間の観念を失って、どのくらい時が過ぎたのかよくわからない。どの音もまだここに、いたるところに存在する。そして、ワタリガラスもまだ頭上にいる。「こんにちは」とわたしはささやく。だが、相手の目はいまや軽く閉じられている。ひょっとして、あの子も自分の鼓動の音を、わたしのものより速い音を聞いているのだろうか。きっとそうだ。だが気づけば、きょうだいガラスが枝で羽ばたいている。なんとも未熟でぎこちなく、べつの木へ、たぶん一〇〇メートルほど先へ飛んで、大きな声でクラアアウ。あそこは遠すぎる。きょうだい鳥たちは、互いにそばにいたいのに。わたしのワタリガラスは顔をあげ、幼い沈黙をふり払って甲高く鳴き、きょうだい鳥のほうへ飛んでいく。草の動きと、体の動き。音が継続する。すべての音が、そしてさらなる音が。高まって、ほとんど聞こえないくらい静まり、また高まる。「これがそうなのかしら？」わたしは声に出して問う――そうでなきゃ、なんだというのか？　残りの大地が声に出して問いかけてくるようだ。これを〝天球の音楽〟と考えるのは、まちがいなのだろうか。*

わたしたちが口語でこの言い回しを使うのは、詩的な感性か哲学的な概念を指すときだ。「天球の音楽を聴く」ことはすなわち、生命との、自身との調和を感じること。わたしたちは瞑想、ヨガ、あるいは山登りを通じて、このうえなく美しいものを目にしたり、至福の状態に達したりする。痛ましい事故のあとに自分がなぜか生かされているのをひしひしと痛感したり、ふいに恋に落ちたりもする。なんらかの形で、世界が歌いかけてきて、わたしたちは希薄されたその歌に耳を傾けているのだ。

わたしたちの祖先は、今日のわたしたちの大多数よりも、天の動きに精通していた。ひとつには、まぶしい灯りがないおかげで夜空がもっとはっきり見えていたからだが、生存のために採集や狩猟や小規模農業を行なっていた人々が、時間、季節、種まきと収穫の周期を知るさいに星の動きに頼っていたからでもある。たとえば、エジプトでは毎年、きらめくシリウスがナイル川の氾濫の先触れとなっていた。頭上の星々の規則正しい動きは、短命で自然の苛酷さを実感することが多かった時代に、安心感と、一種のリズム感と、予測可能性をもたらした。ところが、動きが予測できる恒星とはべつに、ふらふらとさまよって困惑させられる惑星《プラネット》があった（ちなみに、〝プラネット〟の由来は、〝さまよう星〟を意味するギリシャ語、〝プラネーテース〟だ）。もし恒星が、地上の周期やできごとに関連する意味を持つのなら（明らかに持っているわけだが）、惑星も同様のメッセージを持つはずだ。ところが、これらのメッセージは不可解で、読み解けなかった（やがて、高位の聖職者が惑星のメッセージを解読できると主張して、最初の占星術師となった）。おそらく、人間が惑星の意味を探究しはじめたのは、二〇万年あまり前だろう。

初期の天体観測者がどんなふうに考えたかについては、推測の域を出ない。だが、ピュタゴラスがギリシャのサモス島で生まれた紀元前五七〇年ごろには、不可解なまでに複雑な惑星の動きの基本規則を見つけたいという願望が高まっていた。ほかならぬピュタゴラスも人物像がおぼろげでほとんど知られておらず、いわば一種の暗号と言えるのだが、幾何学の歴史は彼の不明確な伝記をもとに書かれるようになった。彼の名がつけられた定理すらも、エジプト、インド、あるいはバビロニアの数学者たちが数世紀早く概略を示していた可能性がある。だが、たしかにわかっているのは、ピュタゴラスとその弟子たちが、数と幾何学と自然界の構造のつながりを探究していたことと、これらすべてが相互に結びつき、その結びつきはただ数理的なだけでなく、倫理的、精神的な意味あいを持つと信じていたことだ。

数学的な調和および地球の調和を追求するなかで、ピュタゴラス学派の人たちは音楽と楽器を探究した。一本の長さがもう一本の倍になった二本の弦をはじいたら、完全八度音程《オクターヴ》が生まれることがわかった。さ

＊アメリカキバシリは小さな鳴き鳥で、キツツキに似た習性を持ち、樹木の幹をこっそり這いのぼって樹皮の隙間の虫を探す。樹皮そっくりの焦げ茶色だが、腹は白く、湾曲した細い嘴と、体を垂直方向に支えるための硬い尾を持つ。わたしが大好きな鳥で、社会・環境活動家の故ヘイゼル・ウルフにも愛されていた。以前、シアトル・オーデュボン協会で働きはじめたころ、わたしはヘイゼルに出会った。彼女は一〇一歳近くで亡くなるまで、この団体の幹事を務めていたのだ。やがて、わたしはシアトルのキャピトル・ヒル界隈にある簡素なアパートメントに入り浸るようになり、ほぼ一カ月おきに彼女をランチに連れ出した。よく、同じブロックの小さなタイ料理店まで歩いた。選挙期間中は時間がかかった――ヘイゼルの要請で、「票を掘り起こす」ために、前を通った家すべてにちらしを一緒に配ったからだ。彼女は草の根主義で、昔気質で、並はずれた人物だった。ランチでは毎回のように、はじめてアメリカキバシリを目にしたとき、いかに胸が高鳴ったかを語ってくれた。この年上の女性の頭に渦巻く記憶は、何度聞いても退屈しなかった。アメリカキバシリは餌をあさるさい、足で樹木の幹にしがみついて這いのぼる。上へ、上へ、上へと。キツツキとちがって、のぼりおりしない。その気になれば、下へ飛んでおり、それからまた上への旅を開始する。「わたしみたいにね」とヘイゼルは目を輝かせて言うのだった。

らに探究して、長さが二対三の二本の弦は五度の音程を生み出し、これは人間の耳に心地よいことも知った。西洋の音楽はおおむね、これらの音程を中心に発展した（ヴァイオリンは、それぞれ五度離れた四本の弦からなる）。ピュタゴラス学派の人々はごくあいまいな仮説を立てる数学的、天文学的な知識しか持たなかったが、旋律を探究した結果、〝天球の音楽〟という概念を提唱した。これは、ヴァイオリンの弦が調和的な音を響かせるように張られているのとまさに同じように、惑星を互いに結びつけている調和的な関係のことだ。

普遍的な調和が音に基づいているという考えは、西洋数学に固有ではない。ヒンドゥー教にはシャブドという概念があり、ときには〝耳で聞き取れる生命の流れ〟と説明される。普遍的な音節〝オーム〟を唱えれば、人間はこの流れに入ることができる。オームは人間の肉体のエネルギーだまりを活性化させ、より広い世界との肉体的、精神的な共鳴をうながすという。聖書では、ヨハネによる福音書に〝初めに言《ことば》があった〟と書かれているが、専門家の多くは、もっと正確に訳すと〝初めに音があった〟になると主張している。原始スープならぬ、原始ハム音だったのだ。

ピュタゴラスから二〇〇〇年後、コペルニクスがあらたに唱えた太陽中心説（地動説）を支持していたドイツの数学者、ヨハネス・ケプラーが、この考えをさらに追究した。ケプラーは太陽系の聖なる構造を理解しようとし、惑星の並びかたに数学的な調和を見出した。そして誤った仮説をいくつか立てたのちに、ついに、既知の数学者としてははじめて惑星の軌道を正しく描写した人物となった。今日ではケプラーの惑星運動の第一法則と呼ばれているものを公式化し、惑星の軌道が、当初予測されていた真円ではなく楕円であることを示した。その後、第二法則で、惑星が太陽から遠ざかれば遠ざかるほどこの楕円が広がることを立証した。ケプラーはこれらの法則によって、ピュタゴラスと惑星のオーケストラに戻る迂回路をわたしたちに示してくれたのだ。

ピュタゴラスは楽器の音にもとづいて調和を追究したが、弦楽器の奏者ならだれでも、現実に奏でられる音はどれも数学的に純粋ではないことを知っている――楽器が奏でる音はすべて、ほかの音、ほかの弦のかすかな振動、さらには近くの楽器からも影響を受ける（娘がチェロでレの音を弾くと、一、二メートル離れたわたしのヴァイオリンのD線〔レの音を出す三弦〕が、だれも触れていないのにかすかな音をたてる）。これらは上音と呼ばれ、音色のいい楽器に求められる複雑な味わいをもたらす。地球物理学者のデイヴィッド・ウォルサムが、著書『幸運な惑星（Lucky Planet）』でこの概念を解説している。いわく、上音は楽器を唯一無二のものにする。純音が可能なら、どの楽器もほぼ同じ音を出し、オーケストラ・ピットはじつに退屈になるだろう。だが、上音があるおかげで、ヴァイオリン、ピアノ、ホルンはそれぞれ独自の音を持ち、物質、空間、音が相互作用する世界を生む。説明を単純化したら宇宙論者はいやがるかもしれないが、これは惑星の動きにたとえられる。わたしたちの太陽系では、どの惑星も特徴的な振動を示し、この振動は、ほかの惑星の軌道、傾いていてごくゆっくりと変化していく軌道のかすかな振動と相互作用する。いわば惑星の上音であり、混ざりあって複雑なハム音を生じる。わたしたちの宇宙、惑星、生命の背景音楽だ。天体の軌道が単純で完全に平行していたら、こうした音を生み出す混乱はないわけで、ケプラーはまさしく天球の音楽の現代的な解釈に通じる道をたどっていたのだ。

惑星のハム音は人間の可聴域より五〇オクターヴ低いが、科学者たちが軌道の振動をモデル化し、周波数を人間の可聴域まで引きあげてわたしたちにも聞こえるようにした。それらの音は無秩序な叫びのようなもので、広がっていく楕円の軌道から予想されるとおり、しだいに低く、大きくなっていく（ウォルサムはこの点でも、たとえとして楽器を挙げている。チェロは、同じ形をしたヴァイオリンよりも音が低くて大きい）。このハム音は、オーケストラが一致団結して協奏曲を演奏するときではなく、音合わせをするときのおなじみの混乱状態——耳障りとまでは言わないにせよ、不協和で予測不可能な状態——に似ているはずだ、とウォルサムは書いている。ナイチンゲールではなく、カモメの声だ、と。わたしが思うに、ひょっとしたら、ムクドリの口笛音に似ているかもしれない。

そして、この天球の音楽——存在してはいるが聞こえない、ムクドリっぽいハム音——の上に重なるのは？　わたしたちが日々耳にし、こしらえている音楽だ。バッハの、メシアンの、モーツァルトの音楽。モリミソサザイの歌、キツツキがコツコツ叩く音。幼児の笑い声、老婦人が歩道を引きずる杖の音。前述のデイヴィッド・ローゼンバーグは、「生物は自分と同じ種だけを相手に歌っているものとされるが、聴けば聴くほど、そうだろうかと思えてくる。昨日、月桂樹の木立でツグミがいっせいに歌うのを耳にした。ビリーチャツグミ、ユミハシチドリ、モリツグミ。彼らはそろって、ひとつの完全な歌をめざしているように思えた」と書いている。わたしも、森で瞑想中に、これは歌だと思った。人間と自然、双方の音楽が、根深い線引きの習慣をからかっているのだ。

ずいぶん前に、シアトルの有名な独立書店〈エリオット・ベイ・ブック・カンパニー〉で、亡き禅師、ロバート・エイトケンの朗読を聴いた。終了後、聴衆は店内から晩夏の暖かい夜のなかへ出た。エイトケン老師が最後に短い瞑想をしたおかげで、わたしたちの心は鎮められ、外へ開かれていた。ふいに、だれかが指をさして声をあげた。「あの鳥たちを見て！」都会の空に、ムクドリの雲が、一体となった何千羽ものムクドリが、うっとりするような大きな軌道を描いて旋回していた。「何かの前兆ね」と、だれかがささやいた。

たしかに、それは前兆だった。秋が近づいているのだ。春と夏には、ムクドリの群れは分散してつがいになり、それから繁殖と営巣を経て家族を作る。だが、この孤立主義は夏の終わりに崩れ、ムクドリたちが集まりはじめて巨大な秋冬の群れができる。群れには多くの利点がある——数の力で、食べ物やねぐらを見つけて分かちあい、暖をとり、飛翔中は空中の捕食者の追跡をまく。タカは一羽だけの鳥を見つけたら、一心不乱にその鳥に狙いを定められる。だが、群れがひとつの有機体になったら、捕食者が一羽だけに的を絞るのはむずかしい。ムクドリは群れの進化メカニズムを高級芸術の域にまで高め、数百羽、数千羽、ときには数百万羽の大群をなし、〝マーマレーション〟と呼ばれる、優美で魅惑的な謎めいたダンス雲を作って空を旋回する。これは回避戦略で、空中の捕食者としては最も手強いペレグリンハヤブサさえも惑わすほど複雑だ。だが、人間の心も同じく魅了する。集結して巨大な球をなし、それから漏斗形や楕円形に旋回するムクドリのマーマレーションを眺めていると、わたしたちは心が高揚してほとんど催眠状態に陥る。

マーマレーション（ドナルド・マコーリー撮影）

ムクドリの群れがマーマレーションと名づけられた要因は、ムクドリが生じるさまざまな歌や音だと主張する鳥類学者もいる〔マーマレーションには〝ざわめき〟〝つぶやき〟といった意味がある〕。だが、群れで舞う間《かん》、ムクドリはたいして声を出さないので、わたしはほかの鳥類語源学者たちの、たくさん連れだって飛翔する翼のざわめく音からこの呼称がついたという説をとりたい。マーマレーションの下にいると、古代の聖堂でひざまずいている感じがする。静寂であるはずなのに、頭上に何百年にもおよぶ巡礼の祈りのささやきが集まっている、という感覚。ただし、この場合ははるかに大きな聖堂――天空全体――で、祈りは羽が軽くこすれる音なのだ。

数世紀にわたって、人間はこのざわめく群れの祈りを見あげては、「どうやって？」と問いかけてきた。群れはどうやって転回し、変化し、上昇し、集合拡散しているのだろう。それも、まったく同時に。空にいる鳥はあまりに多いので、否が応でも、みんなで同じ方向に進まざるをえない――たった一羽の鳥が勝手な方向へ飛んだだけで、空中衝突が起こって翼を傷つけてしまう。なのに、どうして可能なのか、納得のいく説明はまだ得られていない。アマチュアの野鳥観察者も経験豊かな鳥類研究者も長年この問いに取り組んできたが、まだだれも、ほかをしのぐ答えを出せずにいる。ひょっとして、先導の鳥がいて、みんなでそれを見て従っているのだろうか。だが、群れの広がりはときに数街区にもわたる。末尾にいる鳥が先頭の鳥を見ることはできそうにない。ひょっとして、先導の鳥が、地上のわたしたちには聞こえない声の合図を発しているのか。あるいは、ルパート・シェルドレイク的な集団精神、いわば形態共鳴みたいなものが関係しているのか。そうかもしれない。これほど常軌を逸した協調は、従来の生物学では説明しきれないように思えた。そして、テクノロジーの進歩により、研究者たちが強力なビデオ装置、高解像度のスローモーション、計算モデルを介してマーマレーションを丹念に調べる能力を得たいま、どうやらこれは真実であるらしい――ムクドリの群れは、生物学のパラメーターを飛び越して、最新物理学の領域へ入ったのだ。

二〇一〇年、ローマ大学の理論物理学者、ジョルジオ・パリージが『米国科学アカデミー紀要』に論文を発表した。パリージとそのチームは、ムクドリのマーマレーションが、変化する寸前のさまざまな自然体系と同じように機能していることを発見した。科学者はこの変化を〝臨界転移〟と表現する。このような、まさに変貌を遂げようとする体系としては、たとえば磁化しようとする金属、気化しようとする液体、雪崩を起こす直前の雪の集積などがある。こうした変化の瞬間には、ひとつの粒子の動きや速度が、ほかのすべての粒子に――いかに粒子の数が多かろうと――〝スケールフリー相関〟で影響をおよぼす。ムクドリの群れに言い換えるなら、一羽のムクドリの速さや動きの変化が、そこに五〇羽いようが、五〇〇〇羽いようが、残りの鳥すべてに影響をおよぼすのだ。とはいえ、もし個々の鳥がほかのすべての鳥に注意を払っているとすれば、そもそもどうして一羽の個体が変化に踏みきるのだろう。さらに、どうして全体がこうもすばやく反応するのだろう。

答えはおぼろげなままだが、当初の論文から数年後、パリージのチームは各個体とその至近の鳥たちとの相関に注目しつつ、研究をさらに進めた。結果、一羽の鳥の動きの変化は至近の七羽の鳥に影響をおよぼすことがわかった。これら七羽の鳥がそれぞれ七羽の鳥に影響を与え、群れ全体に動きがさざ波のようにすばやく広がっていく。なぜこれほど途方もない速度で生じるのかは謎で、継続中の研究課題ではあるが、仮説として、ムクドリの動きの変化は、あらゆる生物の組織や動きの基礎をなすタンパク質やニューロンの動きの普遍原理を反映しているものと考えられる。だとすると、ムクドリのマーマレーションは、最も目につきやすくて最も愛嬌のある生物物理学的な臨界の事例なのかもしれない――より深遠で、目につかず、いまだ解明されていない、生命の包括的な謎を映す鏡なのだ。彼らを眺めていると、わたしは本能的にその謎を体感できる。頭がふらつき、体が揺らぐのが感じられる。いままでは、きっとマーマレーションの動きがあまりにも優美なせいだと考えていたし、たしかに、それもあるだろう。だが、もしかしたら、わたし自身の脳のニューロンやシナプスと同じ動きを無意識に感知したせいかもしれない。聖書の詩篇〔四二章八節〕に歌われているとおり、〝深淵は深淵に呼ばわり〟なのだ。

アイルランドの詩人、故ジョン・オドノヒュウは、わたしたちの兄弟姉妹である動物の地球的な叡智について語っている。「動物はわたしたち人間よりもはるかに古い」と彼は力説する。「大地にしっくり溶けこみ、叙情的に一体化している。動物たちは戸外で、風に、水に、山に、土に暮らす。身をもって地球を知っているのだ」そして、わたしたちが同調し、頭を傾け、耳を一心に澄ませば、意識を分かちあう形でこの叡智に加わって、オドノヒュウのいう〝混流〟になれる。

この美しい野生の領域にいればこそ、創造の完全性へとわたしたちを誘う着想の息吹に反応できる。完全と言えるのは、わたしたちが孤独な二本の手、ふたつの目、ひとつの声ではないことを知っているから。孤独のなかで創造するのではなく、それぞれの才能を、命の芸術を、互いに、そして大地にもたらすのだ。わたしたち独自のマーマレーションのなかで、それぞれ〝至近の七羽のムクドリ〟を感化し、そのさざ波が想像を超える速さで広がっていく。詩人のクラリッサ・ピンコラ・エステスが〝リオ・アバホ・リオ〟、すなわち〝川の下の川〟と呼ぶところから、わたしたちは創造する――ふつうは聞こえない歌を、脳のごく小さなニューロンに呼びかけて羽ばたかせるマーマレーションを。

この野生の要請はなんなのか。どんな芸術をわたしたちは求められているのか。与えられた才能は各人で異なるが、大きな視点で見ればみんな平等だ。絵を描く、踊る、作曲する。歌を、詩を、手紙を、日記を、祈りを書く。窓敷居にスミレを飾る、キルトを縫う、パンを焼く。マリーゴールドを、インゲン豆を、リンゴの木を植える。森のヘラジカの、近郊のコヨーテの、戸棚のハツカネズミのあとを追いかける。窓をあけて、ベッドに風を通し、隅々まで掃き清める。子どもの手を握る、ホームレスの話を聴く。高齢の友人が器用だった過去の若い指で編んだブランケットにくるまっているとき、その爪を感じのいいピンク色に塗る。森の小道をぶらつき、スベリヒユをちょっぴり囓り、クモに目を留める。雨に濡れる。変化した耳を澄まして、聞こえたとおりに歌う。

終楽章《フィナーレ》　三つの葬儀と想像の翼

本書を執筆中ずっと、わたしはカーメンの健康状態に迷信めいた不安を抱いていた。実在の動物を描いた本では、必ずと言っていいほど、最後にその動物が死んでしまう。図書館猫のデューイ、世界一おバカな犬のマーリー、メンフクロウのウェズリー。〝ぼくの肩が好きな〟モリフクロウのマンブル。『かわうそ物語』のミジー。一九八〇年代に書かれた『かわいいムクドリのアーニー（Arnie the Darling Starling)』という可憐な本では、最後の章でアーニーが足の感染症にかかる。動物について書いたら、死を招くようだ。本章の表題が最終的に〝四つの葬儀〟になるのではないかと、わたしは絶えず恐れていた。

カーメンも、ぞっとするこの予言の実現にあらゆる形で手を貸そうとした。これまでに、家庭で飼育中のムクドリが命を落とす一般的な要因をたくさん挙げてきたが、カーメンはつねに新しい要因を考えついた。来る日も来る日も、自殺の手段を見つけようとしているかのようだった。冷蔵庫に自分を閉じこめたほかにも、次のような試みがある。

――閉じた窓に頭から突っこんだ。そのあと一五分くらい床にじっと横たわっていたので、わたしはそばにひざまずいて「だいじょうぶ、すぐよくなるからね」とささやきかけていた。

――ゴム紐をのみこんだ。消化管のなかで絡まないよう、外科医よろしく慎重にそのうから引っ張り出してやるはめになった。

――猫のデリラの鼻を突こうとした。わたしたちがカーメンを鳥小屋から出す前に、デリラを閉じこめるのを忘れたときのことだ。

――見つけた細長いビニール袋に入りこみ、翼を広げられなくなって、やみくもに羽をばたつかせ、発見されたころには息も絶え絶えだった。その呼気で袋が曇っていた。

――のみこむには大きすぎるものを食べようとして、窒息しかけること数回。たとえばレーズン、アーモンド、ヒヨコマメ、スナップエンドウなど。そして一回だけ、ブドウの粒を丸ごとも。

カーメンの臨死奇談の最高傑作は、開いた窓から飛び出したことだ。もちろん、ふだんから、カーメンが室内を飛びまわるあいだはすべての窓を閉めるよう細心の注意を払っている。だが、この日は天気がよく、トムがひとり家にいて、ボブ・マーリーを聴きながらキッチンで楽しく踊りまわっていた。ガスコンロの上の開いた窓のことをすっかり失念し、一緒に踊ろうと鳥小屋から出したとたん、カーメンがまっすぐその窓へ向かって裏庭に出てしまった。トムが急ぎ外に出ると、その翼が家をぐるりと回るのが見え、どうやら、広い世界へ飛んでいったようだった。彼は通りをうろうろして、カーメンがいちばん聞き慣れたことばで呼びかけた――〝ハーイ、カーメン! ここへおいで!〟 だが、なんの反応もなし、なし、なし。わたしが帰宅した一時間後には、トムはパニックに陥って、両手で頭を抱えて裏庭にうずくまっていた。「カーメンを逃がしてしまった」と、彼は半泣きで報告した。そうこうするうちに、笑いさざめく一〇代の少女たちが、高校進学前のダンスパーティーにクレアを誘うためにやってきた。それから、ピザ店の店員が集金に訪れた。まさしく、てんやわんやだった。

屋内で飼育されたあと広い世界へ逃げ出したムクドリの前途は、明るくない。なにしろ、自分で餌をとった経験がないし、ムクドリ社会でどうふるまうべきか知らないので群れの保護を受けられないし、猫を友だちだと思っている。迷子のムクドリは、戸外を飛んで育てば学ぶはずの近隣の地形を知らないので、探検に出かけたら、家に戻りたくても帰り道を見つけられない。前述のウェブサイト〈ムクドリのおしゃべり〉によると、迷子のムクドリの何羽かは、親切な人に物怖じしないで近づき、ペットにちがいないと気づいてもらえて、〝鳥を保護しました〟という張り紙のおかげで家に戻れたようだが、そんな幸運はめったになさそうだ。カーメンは永久に失われたものと、わたしは覚悟した。

近所じゅうを二、三時間ほど呼びかけながら探しまわったあとで、ついにムクドリの大きなコンタクトコールが、自宅前にある高さ一〇メートルほどのイトスギのてっぺんから聞こえてきた。ムクドリは群れや幼鳥と連絡をとりあうために、この高音のさえずりをしじゅう用いる。カーメンがその発声方法を知っているかどうか定かではなかったし、木があまりにも高すぎて声の主を見ることができない。だが、わたしは一縷の望みにかけた。ご近所から高いはしごを借りて、わが家のイトスギに近い壁面に立てかけた。トムが上へ上へとのぼった。声の主がほんとうにカーメンだった場合、のぼる姿を見つけてくれますようにと祈りながら、「ハーイ、カーメン！」と呼びつづけて。たいしたものね、とわたしはやきもきしつつ考えた。いまや、カーメンに二度と会えない不安に加えて、夫が高さ二階分の不安定なはしごから墜落死する心配も抱えなくてはならない。だが、木の上の鳥が、枝を伝って少しずつおりはじめた。「カーメン！」わたしは呼びかけた。たしかに、あの子だ。トムを目にするなり、その肩に飛んできて、息せき切ってしがみついた。ぶじに取り戻せたわたしたちと同じくらい、カーメンもうれしそうだった。

この原稿の最後の推敲をする段階で、カーメンはほとんど奇跡的に健在でいる。ひょっとして、ムクドリはほんとうに九〇〇〇個の命を持っているのかもしれない。だが、本書には、語るべき葬儀がまだ三つある。

この三つの――父親、息子、ムクドリの――葬儀はどれも、モーツァルト神話で大きく誤解されてきた。最初はレオポルトの葬儀だった。一七八七年の春、ヴォルフガングは、重い病気にかかったレオポルトから便りを受け取った。レオポルトはつねづね自分の健康状態を騒ぎたてて同情を引こうとする傾向があり、ヴォルフガングはそれを知っていたが、あれこれ考える性質《たち》なので、やはりとめどなく心配したはずだ。そこへ、新しい手紙が届いた。レオポルトがかなりよくなったのだ！　続いて、友人からの便りもあった。レオポルトはたしかに病気で、たぶん死ぬだろう、と。かわいそうなヴォルフガング！　彼は父親を失う覚悟ができていなかった。だが、この瞬間に力を振りしぼって、鵞ペンを手にとり、モーツァルトの全書簡のなかでもとくに有名な手紙をしたためた。遠回しに書きはじめているが、ヴォルフガングとレオポルトが交わす手紙には典型的な書き出しだった。父と息子特有の親密さをにじませて、現在の音楽界について述べ、そのなかで、ふたりが好んだ話題――ほかの人たちの衰えゆく才能――を取りあげた。「おとうさんとぼくだけの内緒の話」です、とレオポルトにささやきかけている。

この四旬節に、ラムとふたりのフィッシャー――例のバス歌手とロンドンのオーボエ奏者――が当地に来ました。このオーボエ奏者がオランダでぼくたちが聴いたときにもいまとそう変わらない演奏をしていたのなら、どう考えても、いま得ている名声に値しません……ひとことで言うなら、できの悪い学生のような演奏でした……悲しいかな、これは事実なんです――

やっとのことで、ヴォルフガングは自分の苦悩と向きあう覚悟ができた。

たったいま、ひどく悲しい報せを受け取りました――最近のお手紙から、幸いにも調子がよくなられたと思っていただけに、なおさらつらいのですが――おとうさんがほんとうに病気だと聞いたのです！ご自身からのだいじょうぶだという報せを、ぼくがどんなに切望しているか、話さなくてもおわかりでしょう。実のところ、そういう報せをひそかに待っています――もっとも、なにごとも最悪の状況を想像するのが習慣なのですが。

ヴォルフガングの悲しみが偽りであると疑う理由はないし、最後の文に示された自己認識は真実であると同時に涙を誘う。彼は母親の死からけっして立ちなおれず、自責の念を捨てられず、コンスタンツェをはじめ愛するすべての人について心配するのを一瞬たりともやめられなかった。当時、ヴォルフガング自身も病気で、腎臓に深刻な問題を抱えていた。だが、この瞬間は、さらに不安を書き連ねる代わりに、レオポルトに宛てて短い内省の文を綴っている。死と臨終に対する悟りのようなもので、わたしが思うに、父親と息子に等しく向けられた慰めのメッセージだ。

死は、まじめに考えるなら、人生の真の最終目的です。ぼくはこの数年、人類にとって真正にして最良のこの友人ととても親しくなったおかげで、もう怖いという気持ちをまったく抱いていません。それどころか、安らぎと慰めをたくさん得ています！　そして、ぼくが何を言いたいかおわかりだと思いますが、死こそ究極の幸せへの鍵だと悟る洞察力を与えてくださったことを、神様に感謝しております――夜、寝るときにはいつも、まだ若い身空ながら、生きて次の日を迎えられないかもしれないと考えます――だけど、ぼくを知る人はだれも、一緒にいて気むずかしいとか、陰気だとかは言えないでしょう――この恵みを授かったことを、ぼくは日々創造主に感謝していますし、同じ恵みが人間の同胞すべてに与えられるよう心から望んでいます。[*]

＊この手紙で表された死に対する考えの多くは、フリーメイソンの理念に感化されたものだが、レオポルトもウィーンで支部会に参加しており、この前提をよく知っていたと思われる。もうひとつ影響が感じられるのは、モーゼス・メンデルスゾーン（フェリクス・メンデルスゾーンの祖父）の思想だろう。彼の著書『フェードン、あるいは魂の不死について』はかなり読みこまれた形跡があり、モーツァルトに影響を与えたものとしてその死後に挙げられている。

ヴォルフガングは自分の気持ちを正直に表したのであり、この心情はまちがいなく、父と息子が交わす懺悔と許しの静かな表明になったことだろう。じつに美しい手紙だ。この一節はしばしば、モーツァルトの死に対する感情表現として引用されており、わずか四年後に訪れる彼自身の死も、歓迎とまでは言わないにせよ、少なくとも心穏やかに受けとめられたはずだと考えられている。より崇高な『レクイエム』に重なるものだ、と。だが、わたしが思うに、これは、じきに親なしになってしまうことに動揺した二九歳の音楽の天才が書いたものであることを忘れてはならない。この一節は、外面的には冷静さを装いながらも、内面ではひざまずいて服をかきむしっている息子の、神への叫びではないだろうか。ヴォルフガングの机の上には、『ドン・ジョヴァンニ』の草稿があった。主人公のドンは、欠点を持つ〝エヴリマン〟だが、どんな批評家も完全には糾弾できず、モーツァルトのアリアの和声によって、少なくともある程度までは救済されている――たとえ、地獄の業火に焼かれようとしていても。モーツァルトはこの手紙の文言が示す以上に葛藤していたが、それでも、父親からのあらたな報せを待ちながら途切れがちな眠りにつくときに、同じ心情をふたたび抱いたにちがいない。死は、安らぎと慰めである、と。この手紙は、知られているかぎり、モーツァルトが父親に宛てた最後のものだ。

レオポルトは一七八七年五月二八日に亡くなった。享年六八、当時としてはよく生きたほうだろう。ザルツブルクでの葬式にモーツァルトが出席しなかったことは、生涯を通じてレオポルトがおよぼした消極的、積極的な影響力と支配に対する、意識的な、または無意識の抗議だと解釈されている。ふたりの心理的な関係はたしかに複雑で損なわれている面もあったが、ヴォルフガングが父親に対する誠実な深い愛情を失ったことは一度もない――この愛情と罪悪感と報いていない恩義の入り混じった感情は、彼自身の死までつきまとうこととなる。ヴォルフガングが父親の死にまっすぐ向きあえなかったのは、まぎれもない事実だ。だが、レオポルトが亡くなった当時、コンスタンツェは脚が化膿して動けず、家には幼い子どもたちがいて、夫妻は多額の借金を抱えていた。ヴォルフガングは妻を残して出かけることも、旅の費用を捻出することも、ザルツブルグに行けば求められたであろう葬儀代の支払いに応じることもできなかった。葬儀に抗議していたのではない。行きたくとも行けなかったのだ。

前述のとおり、モーツァルトのムクドリは、レオポルトの死のわずか二カ月後に死んだ。モーツァルトはこの鳥を偲ぶ目的で、友人たちを参列させて正式な葬儀を執りおこない、シュタールのためにこしらえた哀悼の詩を芝居がかって朗読した。以下が、その全文だ。

ここに眠るいとしの道化、
一羽のむくどり。
いまだ盛りの歳ながら
味わうは
死のつらい苦しみ。

その死を思うと
この胸はいたむ。
おお読者よ！　きみもまた
流したまえ一筋の涙を。
憎めないやつだった。
ちょいと陽気なお喋り屋。
ときにはふざけるいたずら者。
でも阿呆鳥じゃなかったね。
いまごろあいつは天国で
ぼくを讃えているだろう、
無償なる友情の詩を。
突如血を吐き
召された時に、
まさか主人がこんなにも
見事な韻文詩人だと
ついぞ思ってもみなかった。

〔『モーツァルト書簡全集VI』（海老沢敏、高橋英郎編訳、白水社）より〕

対照的な行動に、どうしても目がいく。モーツァルトは父親の葬儀には列席しなかったのに、ありふれた鳥をフルートの演奏と自作の詩で仰々しく埋葬したのだ！　ムクドリの葬儀がただの茶番だったと考える人は多い――モーツァルトがたくさんやった社会的な悪ふざけのひとつだ、と。あるいは、父親の死に対するカタルシスと、おそらくは義務感の転移ももたらしてくれたのだと主張する人もいる。レオポルトのために行なうべきだったと思うことをムクドリのためにやったわけだ。どちらの見解にも、わたしは真実を見出す。奇抜な鳥の葬儀はなるほど、モーツァルトの戯れ好きな感性に訴えかけるものがあっただろう。また、じつに複雑な天賦の才を持っていながら、私的な人間関係には子どもっぽく単純な面があり、深い渇望を抱いていた。レオポルトをないがしろにしたと感じていたので、ムクドリの格式張った葬儀に慰めを見出したはずだ。いわば、置き換えられた嘆きの受け入れ先だったのだろう。

だが、この葬儀には三つめの解釈がある。ムクドリと暮らした人には、たぶんわかりきった解釈が。前述の心のあやの仮説は否定しないが、モーツァルトがムクドリの友を失って心から悲しみを覚えたのもまちがいない。シュタールと暮らした三年間に、モーツァルトは仕事で認められようと奮闘し、金銭的な苦境に陥り、幼いころから仲よしだった姉のナンネルと疎遠になり、愛するわが子ふたりに加えて父親も失った。こうした経験のあいだずっと、ムクドリはいつもほがらかでお茶目な相棒としてそばにいた。モーツァルト自身の魂のなかでとくに快活で創造的な面を映す鏡であり、純真にして不変の友だった。モーツァルトもこの葬儀がばかばかしく大げさだとわかってはいた。だが真摯な儀式でもあり、愛情のなせるわざ、いわば、はなむけだったのだ。彼はこの鳥を庭に埋め、石を小さな墓碑にした。

肉体的には、モーツァルトは強靭とは言えず、本人もそれを知っていた。小柄で――おそらくは、わずか一五〇センチあまりで――ほっそりした体つき。ザルツブルクに展示されているジョゼフ・ラング（モーツァルトの義兄で、コンスタンツェの姉の夫）が描いた未完の絵では、モーツァルトは物思わしげな表情で、頬の輪郭がはっきりせず、目の下にはたるみがうかがえる。この肖像画には顔しかなく、往々にしてこういう頭部はぶくぶく太った体に載っているものだが、彼の場合はちがう。モーツァルトはつねに体が細かった。頑健だったためしがなく、子どものころリウマチ熱を何度も患い、呼吸器の疾患で再三床について、ときには命が危ないこともあった。猩紅熱《しょうこう》と伝染性の激しい多発関節炎を生き延び、少年時代に天然痘にかかってその痕が一生残っていた。死ぬ前の数年間に、激しい疝痛《せんつう》や、いくつかの原因不明の病気でしばしば寝こんだ。父親に宛てた死の手紙では、表面的には平穏さを保っているときっぱり述べていながらも、いちじるしく創造的な精神につきものの頭痛、抑うつ、不安を抱えていた。父親と同じく、自分の健康を気にしすぎる面もあった。こんなふうに書き連ねてはみたが、モーツァルトはまだ三四歳と若く、机上にも脳内にも未完の作品がたくさんあり、成功した作品の演奏予定もぎっしりで、いまだ何不自由ない暮らしをさせてやっていない家族がいたわけで、思いがけない最後の病気には心の準備ができていなかった。

一七九一年七月、病気を発症する前に、モーツァルトは匿名の見知らぬ人物から、とあるウィーン紳士の妻に捧げるレクイエムを作曲してくれないかと依頼された。報酬は破格だった。モーツァルトは引き受

未完のモーツァルトの肖像画。（ジョゼフ・ラング、1782年）

けて作曲に取りかかったものの、いったん脇に置いて、プラハで行なわれる神聖ローマ皇帝レオポルト二世の戴冠式のために『皇帝ティートの慈悲』を完成させた。

いかにも典拠の怪しい話に聞こえる。モーツァルトは自分の死が近いことも知らずに、伝記によっては黒い頭巾を被っていたとされる謎めいた人物からの、予言っぽい霊的な依頼に引きずりこまれたのだから。だが、これは事実だ。匿名の人物は、フランツ・フォン・ヴァルゼック伯爵の使者で、伯爵の妻はその年の二月にわずか二二歳で急死していた。モーツァルトはおそらく伯爵とその若き妻を知っていたものと思われる。というのも、ヴァルゼック伯爵はしばしば、ウィーンの音楽通を田舎の邸宅に招待して曲を聴かせていたからだ。なぜこの発注が匿名だったのかは、伯爵がつねづね人に書かせた曲を自分の曲だと思わせていたことと関係しているかもしれない。客間で演奏された作品の作曲者を招待客が尋ねると、ヴァルゼックは当ててごらんなさいとうながした。そして、「おや、どうやら、あなたがお書きになったようですね」と社交辞令が返ってきたら、伯爵はただ唇にうれしそうな笑みを浮かべるだけだったという。偉大なるモーツァルトのレクイエムを、亡き最愛の妻に自分が捧げたものと見せかけたかったことが、匿名にした理由ではないだろうか。モーツァルトは栄光を好んだので、依頼を引き受けた時点ではいずれ事実が公になると考えていただろうし、提示された報酬を必要としてもいた。モーツァルトの死後、『レクイエム』の完成版が引き渡されるころには、その作品がだれのために、だれが書いたのかをみんなが知っていた。伯爵は立腹したと言われているが、たぶん、モーツァルトの死で作品の価値が増したことから怒りをやわらげただろう。この逸話に出てくる使者の、ヴィクトリア朝ゴシック的な描写――痩せこけて、頭巾をかぶり、謎めいている――は、実のところ、ヴァルゼックの知人、フランツ・アントン・ライトゲーブの正確な人物像だった。彼はやせ型の長身で、口数が少なく、トルコ系の浅黒い肌で、いつも灰色の服をまとっていた。

一七九一年一一月、『レクイエム』の作曲中に、モーツァルトは急な病に襲われる。症状は、手足のむくみ、高熱、発疹、大量の発汗。体がひどく膨れて痛み、ほとんど動くことができなかった。コンスタンツェが軽いキャンブリック生地を用意して、モーツァルトが起きあがらなくても身につけられる新しいガウンを妹のゾフィーに縫わせた――ただ腕を広げるだけでするりと羽織れ、リボンで首のうしろを結ぶつくりのものだ。こんな状態にあっても、彼は義妹の機転と労力を喜んで、新しいガウンを着られてうれしいと言ったとされる。

人生最後の数週間に、モーツァルトは死の床でレクイエムの作曲に取り組みながら、自分の葬儀が近いという予感がしだいに現実のものとなっていくのを痛いまでに認識した。この作品の力強さと切迫感の大半がその認識から生まれていると言っても、過言ではないだろう。『レクイエム』には、モーツァルトが父親に宛てた死の手紙と重なるパッセージがある――慰めをくれる友として死を歓迎する、甘やかで抑制されたハーモニーが。だが、それもごく短いあいだのことだ。曲は暗いムードへ、ぞっとするようなクレッシェンドへと、うねるように盛りあがっていく。この『レクイエム』の調べは、けっして不快ではない。美と調和に対するモーツァルトの基本的信念を明示しつつ、深い悲しみ、憂うつ、恐怖すらもありのままに包含している。音楽のなかで、彼はどんな手紙よりも正直に自分を表現しているのだ。

そして、やはり典拠の怪しい話に聞こえるが、モーツァルトはたしかに、死の床で、衰えゆく思考、肉体、精神のかぎりを尽くして『レクイエム』を完成させようとした。その象徴的な意味をいやでも痛感する（そして、嘆く）と同時に、現実的な動機も持っていた。作品が完成すれば、コンスタンツェは報酬の残額を受けとれる。もっと多くのことをなすべきだったと自覚した男の罪悪感を抱えつつ、彼は仕事をしたのだ。*

モーツァルトは完全に体を起こして座ることができず、五線紙がベッドのいたるところに、それこそ彼の膨れた腹の上にも広げられていた。草稿には、最後の音譜群が、病気の震える手で殴り書きされている。映画『アマデウス』とはちがって、『レクイエム』をどう完成させるべきかをサリエリが現場で書き留めることはなかった。モーツァルトの死後に、そのよき友にして作曲家のフランツ・クサーヴァー・ジュースマイヤーが、生前の指示に従って、なんとかモーツァルトの曲と通用する形でこの曲を完成させた。当然ながら、純粋主義者は批判的だ――ハーモニーの乱れや様式の逸脱が散見される、と。それでも、現代の指揮者の大半は、のちの補筆よりもジュースマイヤーのものを好む。

モーツァルトは一二月五日に亡くなった。その症状はリウマチ熱に一致するが、当時ウィーンには致死性の連鎖球菌感染症が蔓延しており、現代の学者たちは死因はこれで、おそらく体の組織が高熱ですでに弱っていたのだろうと考えている。当時の治療がその死を早めたのはほぼまちがいない。モーツァルトは臨終のわずか数日前に二リットル以上も瀉血され、亡くなる直前に、冷たい圧定布を巻かれた。[**] コンスタンツェの妹のゾフィーは、熱で意識が混濁した義兄にこの圧定布がショックを与えたのだと主張した。医師が彼女の反対をおしてあてがい、ほどなくモーツァルトは死んだのだ。病床のかたわらにいたゾフィーの回想は、現存するものとしては唯一の一人称の状況描写で、真実の響きはあるが、モーツァルトが亡くなる瞬間に『レクイエム』のティンパニーの音を口ずさもうとしていたというのは、できすぎに思える。亡くなった当時の肉体のありよう――ひどいむくみ、悪臭、変色、噴出性嘔吐――はどれも、偉大なる作曲家の名声にはそぐわないとされ、長年伏せられていた。だが『レクイエム』を聴くと、これらすべてが見つかる。ただし、懸念された醜さは、全体の美によって救済されている。

モーツァルトが共同墓地に埋められ、その場には参列者がひとりもいなかったという事実が、長らくウィーンの音楽界に対する批判の種にされてきた——並はずれた才能を持つ作曲家を、まずはないがしろにし、それから死に際して唾棄したのだ、と。だが、モーツァルトの葬儀の状況は、若きヨーゼフ二世による改革後の中流階級としてはごく一般的だった。ヨーゼフ二世は啓蒙合理主義に心酔し、前世代の贅沢を払拭しようと、葬儀にも無駄のない簡素さと節度を求めた。地位のある市民の亡骸は教会（モーツァルトの場合はシュテファン大聖堂）に寝かされたのちに、埋葬用の亜麻布にくるまれ、再利用可能な柩に収められて、死後二日以内に市壁の外の墓地へ運ばれ、六人から一二人用の共同墓穴に埋められた。悪臭と病気の

＊モーツァルトは、作曲家や芸術家の未亡人を支援するフリーメイソンの組織を設立するために無料でいくつも曲を作っていながら、まもなく未亡人になる自分の妻には資産を残さなかった。モーツァルトの伝記作者やファンはあからさまな男性上位の感情から、コンスタンツェについて根拠もなく、怠惰で音楽を解さず、非献身的で、金に貪欲であり、天才的なモーツァルトの伴侶には総じてふさわしくないと数世紀にわたって非難してきた。だが、夫の死後、コンスタンツェはさまざまな困難を乗り越えてその借金を返し、幼いわが子たちの金銭的な安定を確保するという実際的な課題に取り組んだ。たとえば、モーツァルトが宮廷作曲家だったことから、皇帝に寡婦年金が欲しいと直訴した。モーツァルトの作品を演奏するコンサートを開き、作品の出版を監修した。やがて努力が実を結び、彼女と息子たちは金銭的な安定を手に入れることとなる。

＊＊モーツァルトの時代の瀉血道具が、モーツァルトハウスのちぐはぐな遺物のなかに展示されている。わたしはそれまで、瀉血について読むたびに小さなカミソリを頭に浮かべていたが、そこにあったのは、先端が鉤形のぶ厚い刃がたくさんついた恐ろしい真鍮の箱で、当然ながら刃は一度も消毒されておらず、むしろ拷問道具のように見えた。

蔓延を防ぐ目的で、各遺体に石灰がかけられた。ちなみに、モーツァルトもこうした改革の支持者だった。*
モーツァルトが死んだ当時、一家は裕福ではなかったが、〝貧民の葬儀〟という考えは、この時代と土地の慣行に対する誤解から生じているわけだ。神話の上に、さらに神話が重ねられた。一八五六年、『ヴィーン・モルゲンポスト』紙が、葬儀に出席したと主張する、ヨーゼフ・ダイナーという男性の回想録から抜粋を載せた。この著者は、モーツァルトの小さな葬列に劇的な冬の豪雨を降り注がせている。

モーツァルトが亡くなった夜は、暗く荒れ模様だった。葬儀のときも、激しい嵐になった。雨と雪が同時に降り、まるで大自然が、この偉大なる作曲家の同時代人に対し、わずかな人数しか埋葬に立ち会わなかったことへの怒りを示しているようだった。

実際には、当時の記録によると、葬儀の当日は穏やかな天候で、軽い小雨がぱらつく程度だったようだが、心に強く訴える嵐の作り話は、悲しいかな、幾人もの伝記作家に採用され、大衆の想像に根強く残っている。

埋葬のしかたをめぐって、ウィーンがモーツァルトをないがしろにしたとか、比喩として唾を吐きかけたと言いたてるのは、亡くなったあとの数日、いや数カ月間にウィーン内外で彼の栄誉を讃えて慈愛深い対応が次々に示されたことを考慮していない。死亡広告が、ヨーロッパ各地の新聞に出された。一二月一〇日には、エマヌエル・シカネーダーらが、ホーフブルク宮殿近くの聖ミヒャエル教会で葬儀ミサを執り行なった。また、ホーフブルク宮殿では『レクイエム』の完成版が演奏されている。プラハでは、フルオーケストラとコーラスつきで盛大な追悼の儀式があり、数千人が参列したと言われる。

ウィーンを訪れたモーツァルトのよき巡礼者ならだれでもそうだろうが、わたしはザンクト・マルクス墓地を一日じゅう探索する予定でいた。この墓地は、モーツァルトが亡くなって二日後に埋められた場所だ。観光インフォメーションセンターで経路を確認すると（なにしろ、旅行中はしつこく確かめる性分なので）、デスクにいた紳士が、市中心街の外を通る七一番トラムでラントシュトラーセ地区へ行くようにと言った。そして紙にそれを書きつけ、どことなく奇妙な笑みを小さく浮かべて手渡してくれた。ウィーンの人たちは親切で愛想がいいが、控えめで、ほがらかとは言えない。音楽公演のチケットを買ったときに

＊モーツァルトはただ亜麻布にくるまれた状態で埋葬されたと一般的に考えられているが、ヨーゼフの改革のうち、柩なしに埋葬布だけで埋めさせる勅令は、大勢の市民の激しい抗議にあった。いくらなんでも行きすぎていたのだ。モーツァルトが亡くなる数カ月前に、ヨーゼフはしぶしぶながら勅令のこの部分を取りさげ、共同墓穴に埋められる質素な柩を遺族が無料で入手できるようにした。詳細な伝記『ウィーンのモーツァルト』のなかで、著者のフォルクマール・ブラウンベアレンスは、モーツァルトの葬儀費用の一覧に霊柩馬車の項目があったと述べている。柩がない場合には、霊柩馬車は無料で提供されていた――ゆえに、これはモーツァルトが柩に収められて埋葬された証拠ではないか、とブラウンベーレンスは主張する。また、コンスタンツェの二番めの夫で早期にモーツァルトの伝記を書いたゲオルク・ニコラウス・フォン・ニッセンの、「柩は共同墓穴に埋められ、ほかの費用はすべて省かれた」という曖昧な表現にも、ブラウンベーレンスは注目する。だが、ニッセンは現場にはいなかった――墓堀人たちのほかは、だれひとり。ニッセンの情報源はコンスタンツェだが、彼女は葬儀の手配をしておらず、ニッセンが柩があったと思いこんでいた可能性もある。いまとなっては、確たる答えは得られない。

は、こちらがひとことも言わないうちに、窓口の人がドイツ語から英語に切り替えた。「なぜ、アメリカ人だとわかったんですか？」わたしは尋ねた。「あなたが笑いかけたからですよ」と彼は答え、こうつけ加えた。「気にしないで、いいことですから。ぼくたちは、いやがってはいないですよ」のちに、トラム博物館〔現在の交通博物館〕のボランティアガイドが、インフォメーションセンターの紳士の奇妙な笑みについて説明してくれた。ヨーゼフ二世の改革では、衛生面からすべての埋葬を市壁の外で行なうよう求められ、この勅令に沿うようザンクト・マルクス墓地が設けられて、一七八四年に埋葬地として使用されはじめた。ここ一〇〇年のあいだ、市の中心街から墓地へ向かうトラムの路線は変わっていない――七一番だ。〝七一番に乗る〟というのは、〝死ぬ〟という意味の口語表現で、いわば〝くたばる〟に相当するのだ。

天気のよい、さわやかな一〇月の朝だった。わたしはウィーンに恋をした。モーツァルトに恋をした。時差ぼけもなんのその。このトラムに乗るのが待ち遠しかった。いざ乗りこんで、政府の華麗な建物群を通り過ぎ、おしゃれな街区を抜けて、やぼったい街区へ入り、建ち並んだ規格型住宅の前を通って、だだっ広い工業地域にたどり着いた。ここは陽光を浴びてもなお、陰気で灰色に見える。トラムが停止し、あらかじめ降車場所を教えてくださいと頼んでおいたおかげで、運転手がこちらを見やり、開いた扉のほうへ頭を傾けた。「墓地ですか？」わたしが尋ねると、運転手はうなずいた。ほかの乗客もうなずいた。わたしはそろそろと降りた。停留所は交通量の多い道路の中央にあり、両側を車が猛スピードで走っている。わたしは観光マップの方位を合わせて、坂をのぼることにしたが、どの方角へ向かっても車が激しく行き交う多車線の不快な道路沿いに歩くはめになるようだ。死なずに通りを渡る方法を知っていそうな地元住民のあとをついていき、また地図を見て、ためらいがちに北へ歩きだした。じきに、だれもいなくなった。こんなところを、だれが歩くだろう。わたしと車だけだ。

一五分ほど戸惑いながら進み、前向きな観光客を気どって、当初の目的地ではないにせよ、少なくともどこかには向かっているはずだと自分を慰めていると、バイク乗りっぽく全身を黒で固めた禿げ頭の男性が近づいてきた。勇気をふり絞って「シュプレヒェン・ジー・エングリッシュ？（英語を話せますか）」と尋ねたところ、彼は「少ーし」と答え、親指と人差し指で、じつはどのくらい少ないのかを示してくれた。見込みはあまりなさそうだ。「セント・マークス墓地？」と思いきって尋ねた。「ここが、セント・マークスです！」彼は大喜びで、緑色の陸橋の大きな標識を指さした。たしかに、〝ST. MARX〔ドイツ語読みでザンクト・マルクス、英語読みでセント・マークス〕〟と書いてある。なるほど。「墓地？」彼はこの単語がわからないようだ。「死んだ人たち」わたしは言ってみた。反応なし。「死んだ」ともう一度言い、死にかけているみたいに、体を傾けた。そして舌を突き出し、白目をむいた。「死んだ」「ああ！」と彼が叫んだ。「フリートホーフ！」そう、フリートホーフだ！　このフリートホーフという単語を確認せずにあのアパートメントを出るとは、なんてお粗末な観光客だろう。わたしたちはほぼ同時に飛びあがり、着地した。「フリートホーフ！　イエス、イエス！」彼は坂の上の角を曲がった場所を指さした。互いに温かい握手を交わし、わたしはまた歩きだした。気づけば、延々と続くコンクリート壁に沿って歩いていた。道路はやはり広くて交通量も多いが、建物がいっそうまばらになってきた。おそらく前方の、陽光のおかげか灰色がかっていないあたりに住宅街区があるのだろう。だが、依然として墓地は見えない。若い女性がおしゃれなドイツ製ベビーカーを押して通りかかったので、「ザンクト・マルクス・フリートホーフ?」と、正確だがひどい英語訛で尋ねたところ、このまま歩いて、たぶん一〇分くらいのところだと教えてくれた。「モーツァルトを探しているんですか」「ええ、まあ、そうなんです」「だったら、墓地のメイン通りをまっすぐ進んで、鉄十字を左に曲がったところですよ」わたしはお礼を言い、いますぐにでも、モーツァルト巡礼の長い列が現れ、みんなでそろって鉄十字を左に曲がることになるのではないかと考えた。だが、ちがった。ようやく高い煉瓦造りのアーチが見つかって、鉄の門が半開きになっていた。なかへ入った。墓地はひっそりとして、わたしは異世界に、たったひとりでいた。

この墓地は一九七〇年代に修復、整備されたと聞いていたので、こぎれいな公園っぽい場所を想像していた。ところが、期待以上のものに迎えられた。維持管理はどうやら、前述の女性が言う〝メイン通り〟の周辺をときおりざっと草刈りするだけらしい——しかも、メイン通りというよりは、広めの砂利敷きの小道だった。その向こうに、墓が延々と立ち並び、すべてが一五〇〇年、二〇〇〇年、それ以上前のもので、マツ、クリ、カエデの古木が絡みあう林に囲まれている。幾列もの墓標のあいだに雑草が生えて、どこもかしこも苔で緑色だ。天使の頭、悪魔の翼、神の顔を見あげる少女像。どれも頭や手足が失われている。墓標の文句はたいてい、すり切れたり崩れたりして読めない。悪霊、怪獣、聖霊のひそかなささやき。鳥もいる——コガラ、ヨーロッパコマドリ、喧嘩しあうカラスたち(ウィーンはかなり都市化され、樹木はそう多くない。わたしは小さな双眼鏡をどこへでも律儀に持参したが、鳥はごくわずかしか見かけなかった——なのに、ここで急に取り囲まれた)。わたしにとって、この墓地はウィーンのどの場所よりも静かで、魅惑的で、美しく、幽霊がよく出る場所に思えた。やがて、ほかにも墓地をぶらつく人たちが、まばらに見かけられだした。だが、ひとりになりたければ簡単になれそうだ。この墓地に眠る、最も有名な住人の祈念碑のところでさえも。ベビーカーの女性が教えてくれたとおり、坂をのぼっていくと小さな古い鉄の標識が見つかった。左向きの矢印と、〝MOZARTGRAB（モーツァルトの墓）〟という文字。そこから二〇メートルほど進んだところに、祈念碑があった。わたしは落ちていた栗の実をいくつか拾ってポケットに入れながら、玉砂利の環と艶のない石碑に近づいた。

モーツァルトが実際に埋められた場所は、だれにもわからない。空間を節約するため、そして一〇年ごとに墓を再利用するために（遺骨が無造作に掘り出され、あらたな遺体に置き換えられた）、ヨーゼフはこの新しい墓地では埋葬場所に墓碑を据えることを禁じた。代わりに、個々の墓標が塀に沿って並べられたが、たいていは実際の埋葬場所からやや離れていた。モーツァルトが埋葬された一七年後、その伝記に対する関心が高まったのを受けて、コンスタンツェと新しい夫が埋葬場所を突きとめようとしたが、情報を提供できる者はだれもいなかった。墓堀人たちは、モーツァルトが横たわっているとされる場所のおおよその方角をシャベルで示した。ザルツブルクのモーツァルテウム財団には、早い段階で墓堀人がモーツァルトの埋葬場所から取り出したとされる頭蓋骨が存在するが、この話は信憑性が低い。現代の調査でも、新しい事実は何も判明していない。

モーツァルトのおおよその埋葬場所には、かつて花崗岩の碑と死者を悼むミューズの等身大以上の像があったが、一八七四年にツェントラル・フリートホーフ、つまりウィーン中央墓地へ移されて、ウィーンに埋葬されたほかの偉大な作曲家――ベートーベン、シューベルト、サリエリ、ブラームス、シュトラウス、シェーンベルクほか多数――の碑と並べられた。この像は美しく、墓地も手入れが行き届いて、ザンクト・マルクスよりはるかに観光客でにぎわっている。わたしは小さい墓地の、幽霊が出そうな幻想的な静けさのほうがずっと好きだ。

暗い雲はいまや消え、太陽がさんさんと注いであちこちに鳥がいる。この墓地の超自然的な静寂さが肌で感じられ、美しくもあり不気味でもあった。わたしはモーツァルトの碑に歩み寄って、石の土台に腰をおろした。記念柱にはめこまれた大理石の板には、ただ〝W. A. MOZART 1756-1791〟とだけある。記念柱の土台に、天使童子の彫像が寄りかかっていた。高さは、わたしの身長の半分くらいだろうか。腰にゆるく布を巻き、ずり落ちないようにするためか、その端を片手で押さえている。もう一方の腕の肘が記念柱に向けられ、手で頭を抱えている。わたしは身をかがめて、その顔を見あげた。喪失感、悲しみ、あるいは、天の音楽にしみじみと耳を傾けるような表情を期待して。ところが、そうした感情はいっさい浮かんでいない。この天使はいかにも不満そうで、よそよそしく、苛立っているようにさえ見える。なんだか、〝マジかよ？　彼の墓でもないのに、ここにずっと立っていろって？〟と言っているようだ。この日は、天使の足が、花盛りのピンク色のベゴニアと最近供えられてやや萎れかかった黄色いバラの切り花で隠されていた。わたしは天使の苦境に思わず吹き出した。とはいえ、モーツァルトはまさにこの場所で二〇〇年以上も崇められてきたのだ。当初の祈念碑が移転されたいまも、本物のモーツァルト信者はここに、ザ

モーツァルト記念碑の不機嫌そうな天使の像、ウィーンのザンクト・マルクス墓地。（著者撮影）

ンクト・マルクスにわざわざ足を運ぶ。何千、何万もの人が訪れている。まさにこの場所には、何百万もの祈りと、音楽の夢と、個人的な願望と、モーツァルトの精神を探して天を仰ぐ顔があったのだ。この墓地はたしかに、どこかにマエストロの遺骨の塵を抱いている。そう、わたしも感じた。魂を、恍惚感を、霊気を。悲しみを。慰めを。風が髪をそよがし、元に戻した。わたしの想像の翼は楽しく奔放に広がっていく。

シュタールが死ぬころには、モーツァルトは金銭的な理由で街はずれの小さなアパートメントに引っ越さざるをえなくなっていた。新しい住居はラントシュトラーセ地区にあり、やがて彼が埋葬されることになるザンクト・マルクス墓地にほど近かった。わたしは今回のウィーン旅行を計画中、ちょっとした聖地巡礼をしよう、墓地から各住居へと厳粛かつ静かに物思いに沈みながら歩こうと考えていた。住居の敷地のまわりを忍び足で歩くか、現在の所有者が在宅中で親切そうだったら、庭を歩かせてもらえないかと頼むつもりだった。シュタールの葬儀のことをあれこれ考え、想像してきた結果、庭のどのあたりにモーツァルトのムクドリの墓があったのか、きっと直感でわかるはずだと確信していた。というわけで、わたしが最初にトラムを降りた場所——有名な携帯電話会社のロゴで飾られた巨大な建物群がある工業地域——がまさに、シュタールが死んだときにモーツァルトが住んでいた場所だと知って、自分の落胆を笑うほかなかった。古い家などない。新しい家もない。土の地面すらも。見渡すかぎり、コンクリートと車と荒涼たる工業地域だけ。

いや、そうであっても。ばかげているし、空想の飛躍だとわかっている。だが、墓地の栗の木はいかにも古く、ねじれて、美しい。モーツァルトの記念碑周辺に落ちていた秋の栗は、丸々として、つややかな茶色だ。モーツァルトはこの土に一〇年あまり埋葬されたあとで、新しい遺体に場所を明け渡すために、遺骨のかけらを掘り起こされた。どういうわけか、ポケットに入れたこれらの栗こそ、彼の地上での肉体的な存在や、その命を超えて生きつづける豊かな作品群と、本物のつながりを持っているという気がした。さほど奇妙な考えではない——物質的な継続。詩的な神秘性をまといながらとことん現世的でもある死後の生という感覚。レイチェル・カーソンはこの感覚を、一九三七年発行の『アトランティック・マンスリー』誌に寄稿した「海のなか（"Undersea"）」という記事で明確に述べている。「個々の要素は姿を消し、いわば物質の不死性において、繰り返しちがう形でまた現れる……宇宙という舞台では、個々の植物や動物の生は、単体で完結するドラマとしてではなく、果てしなく変化する全景の短い幕間として登場する」

モーツァルトの魂が吹きこまれた栗を握りしめながら、わたしはiPhoneのSiriに、モーツァルトが住んでいたラントシュトラーセのアパートメントの正確な住所を調べてほしいと頼んだ。歩道に立って、電線に目を走らせ、ムクドリが現れないかと期待した。現れたら、本書に心理的な終止を、ちゃんとした結末をもたしてくれるはずだ。だが一羽もいなかった。せめて、このコンクリートの上で静かな瞑想のひとときを味わおうと考えたが、乗る予定のトラム、〝死の七一番トラム〟がずんずん近づいてきた。次の便は三〇分以上先で、わたしは空腹だった。とっさに、すばやく、喜びを覚えながら、いちばん大粒の丸々とした栗をポケットから出し、キスをして、歩道の隅にぐいと押しこんだ。シュタールの新しい墓標だ

――場所の正確さは、少なくとも、モーツァルトの墓標と同じくらいだろう。妙に勢いよく、わたしはトラムに飛び乗った。

ザンクト・マルクス・フリートホーフで夢幻的な静けさのなかをそぞろ歩くあいだ、頭に渦巻いていたのは『レクイエム』だった。ところが、シュタールの忘れられた小さな墓の代わりとして栗の実を灰色のコンクリートに据えたときには、『音楽の冗談』の奔放に渦巻くカデンツァが頭と心にあふれていた。この音楽の空想の飛翔は、くだんの詩以上に、小さな友に対するモーツァルトの偽りなき哀悼だったのだ。ごくありふれたこの鳥は、創造的な生命の至高の目的において、音楽の天才と共同制作したことを知るよしもない。その目的とは、わたしたちの心をざわつかせてぬるま湯から抜け出させること。わたしたちが住む世界の、奔放で不完全なざわめきのハーモニーを示すこと。ほかならぬわたしたちの生命を、この歌に引きいれることなのだ。

コーダ

わたしはよく友人に質問される。本書の執筆を終えたら〝カーメンをどうする〟のか、と。答えは、わかりきっているではないか。カーメンはわが家の一員であり、生あるかぎりわたしが世話をする。いつまでになるかはわからない。野生のムクドリの寿命は六年かそこらだが、飼育下の鳥はちょっとした原因で若くして死ぬこともあれば、一五年あまり生きることもある。なんらかの理由で、わたしが自分では飼えなくなるときが来てしまったら、この子を喜んで迎えてくれる家を探すつもりだ。だが、最後にひとつ述べておく。カーメンはわたしたち一家に喜びと深みと知見をもたらしてくれた。この子は恵まれた暮らしをしているはずだし、巣のきょうだいたちと一緒に死ななくてよかったと思う。それでもなお、空を自由に飛ぶ姿を見たいと願わない日は一日たりともない。

献辞

この『モーツァルトのムクドリ』は、これまで書いたどの本よりも、仲間たちに囲まれたなかで、〝証人の雲〟のもとに生まれた。このプロジェクトを多種多様な形で育んでくださったすべての人々に深い感謝を捧げる。まずは知見と経験を分け与えてくださったかたがたに。ザルツブルクの国際モーツァルテウム財団のスタッフ、とくにウルリッヒ・ライジンガー博士。ウィーンのモーツァルトハウスのスタッフ、とくにコンスタンツェ・ヘル。シアトル・オペラの名誉ディレクターのスパイト・ジェンキンス。〈クラシカル・キングFM〉のデイヴ・ベック、パシフィック・ルーザラン大学のアデラ・レイモス博士、カリフォルニア大学サンディエゴ校のティモシー・ゲントナー博士。インディアナ大学のメレディス・ウエスト博士。ニュージャージー工科大学のデイヴィッド・ローゼンバーグ博士。コーネル大学鳥類学研究所のウォルター・ケーニグ博士。ピュージェットサウンド大学スレーター博物館の名誉教授、デニス・ポールソン博士。猟の名人、デイヴィッド・マスコウィッツ。ワシントン州魚類野生生物局のクリス・アンダーソン。エドモンズ・コミュニティカレッジのパット・バーネット。サマンサ・ランダル、クリストファー・プラム、アルバート・ファートワングラー博士、デル・ゴセット、ロブ・デュースバーグ博士。ドイツ語の知識を与えてくださったみなさんと、執筆中にご協力くださったたくさんの人々に。そして、温かくもてなしてくださった以下のかたがたにも。聖プラシド小修道院のいつもすてきなベネディクティン姉妹、キャシー・カウエルほか、フライデー・ハーバーのホワイトリー・センターのよき仲間たち、ウィドビー島のヨガ・ロッジのウェンディ・ディオン、民泊サービスの〈Airbnb〉を通じて泊めてくださったウィーンとザルツブルクの親切な宿主たち。また、作家仲間からの励ましについては、マリア・ドーラン、デイヴィッド・ラスキン、デイヴィッド・ウィリアムズ、ラング・クック、マーサ・シラノ、スーザン・トウェイット、キャサリン・トゥルー、アン・リネア、ミッチェル・グッドマン、セイジ・コーエン、リンダ・メイプス、アン・コープランド、そして〈シアトル・セブン・ライターズ〉の作家のみなさん。望外の力添えをくれた〝ことばを持たないもの〟たち。賢明な職業上の指針を惜しみなく与えてくださった、リトル・ブラウン・アンド・カンパニーの編集者、トレイシー・ビハールと、著作権代理人のエリザベス・ウェールズ、原稿整理編集者のトレイシー・ロウとパメラ・マーシャル。長期間のカーメンのお守役という報われない仕事（親しい友人にしかできない頼みごと）を引き受けてくれた、トライリー・タッカー、マーク・アールネス、ジェーンアン・ヒューストン、ジェイン・デイヴィス。ひと筋縄ではいかない執筆過程で慰めと喜びをくれた家族のみんなも、ありがとう。最高の両親のジェリーとアイリーン・ハウプト、すばらしき姉妹のケリー・ハウプトと義姉妹のジル・ストーリー、いとしき義両親（おふたりが〝いとしき〟と表現されるのを好むので）のジニーとアル・ファートワングラー。創造的な破壊行為をしでかしてくれたカーメン、デリラ、鶏のオフィーリアとエセルとウィニフレッドとパンジー（安らかに眠ってね、マリーゴールド）、そして本書を執筆中にわたしとかかわりを持った〝人間以上の生き物〟すべて。恐れを知らぬ精神については、アイディ・ウルシュ（一九三六～二〇一五年）の思い出に。アイディは太平洋岸北西部のナチュラリストの草分けで、野生の世界への喜びで何千人もの人々を感化した（わたしはいまも、もっと成長してあなたになりたいです、アイディ)。勇気を与えてくださった以下のかたたち。レイチェル・カーソン、ビアトリクス・ポター、ジョージア・オキーフ、そして創造性を野生の大地から得て、ことば、詩、歌、音の形で時を超える作品を生み出したすべての詩人、作家、画家、作曲家たち。それから、深い愛情に、トムとクレア。

参考文献

Adret-Hausberger, Martine. "Social Influences on the Whistled Songs of Starlings." *Behavioral Ecology and Sociobiology* 1, no. 4 (1982): 241-46.

Anderson, Stephen R. "The Logical Structure of Linguistic Theory." *Language* 84, no. 4 (2008): 795-814.

Araya-Salas, M. "Is Birdsong Music? Evaluating Harmonic Intervals in Songs of a Neotropical Songbird." *Animal Behaviour* 84, no. 2 (2012): 309-13.

Armstrong, Edward Allworthy. *A Study of Bird Song*. London: Oxford University Press, 1963.

Baserga, R. "Bird Song in His Heart." *Science* 291, no. 5510 (2001): 1902, doi: 10.1126/science.291.5510.1902a.

Bates, B. K. "Genes Tell Story of Birdsong and Human Speech." http://today.duke.edu/2014/12/vocalbird.

Bent, Arthur Cleveland. *Life Histories of North American Wagtails, Shrikes, Vireos, and Their Allies*. New York: Dover Publications, 1965.

Berger, Jonathan. "How Music Hijacks Our Perception of Time." *Nautilus*, January 23, 2014. http://nautil.us/issue/9/time/how-music-hijacks-our-perception.of-time.

Bertin, Aline, Martine Hausberger, Laurence Henry, and Marie-Annick Richard-Yris. "Adult and Peer Influences on Starling Song Development." *Developmental Psychobiology* 49, no. 4 (2007): 362-74.

Bower, Bruce. "The Piraha Challenge." *Science News* 168, no. 24 (2005): 376-80.

Braunbehrens, Volkmar. *Mozart in Vienna: 1781-1791*. London: Deutsch, 1990.

Breittruck, Julia. "Pet Birds. Cages and Practices of Domestication in Eighteenth-Century Paris." *InterDisciplines: Journal of History and Sociology* 3, no. 1 (2012): 1-48.

Cabe, P. R. *European Starling: Sturnus vulgaris*. Washington,DC: American Ornithologists' Union, 1993.

Carlic, Steve. "Introducing America's Most Hated Bird: The Starling." Syracuse.com, September 7, 2009.

Carson, Rachel. "How About Citizenship Papers for the Starling?" *Nature Magazine* 32, no. 6 (1959): 317-19.

Chaiken, Martha Leah, and Jorg Bohner. "Song Learning After Isolation in the Open-Ended Learner the European Starling: Dissociation of

Imitation and Syntactic Development." *Condor* 109, no. 4 (2007): 968-76.

Chaiken, Martha Leah, Jorg Bohner, and Peter Marler. "Song Acquisition in European Starlings, *Sturnus vulgaris*: A Comparison of the Songs of Live-Tutored, Tape-Tutored, Untutored, and Wild-Caught Males." *Animal Behaviour* 46, no. 6 (1993): 1079-90.

Christie, Douglas E. *The Blue Sapphire of the Mind: Notes for a Contemplative Ecology*. New York: Oxford University Press, 2013.

Colapinto, John. "The Interpreter: Has a Remote Amazonian Tribe Upended Our Understanding of Language?" *New Yorker*, April 16, 2007.

Comins, Jordan A., and Timothy Q. Gentner. "Auditory Temporal Pattern Learning by Songbirds Using Maximal Stimulus Diversity and Minimal Repetition." *Animal Cognition* 17, no. 5 (2014): 1023-30.

———"Pattern-Induced Covert Category Learning in Songbirds." *Current Biology* 25, no. 14 (2015): 1873-77.

———"Perceptual Categories Enable Pattern Generalization in Songbirds." *Cognition* 128, no. 2 (2013): 113-18.

———"Working Memory for Patterned Sequences of Auditory Objects in a Songbird." *Cognition* 117, no. 1 (2010): 38-53.

Corbo, Margarete Sigle, and Diane Marie Barras. *Arnie, the Darling Starling*. Boston: Houghton Mifflin, 1983.

Costanza, Stephen. *Mozart Finds a Melody*. New York: Henry Holt, 2004.『モーツァルトとビムスさんのコンチェルト』（ステファン・コスタンザ文・絵、杉原庸子訳、バベルプレス）

Davenport, Marcia. *Mozart*. New York: C. Scribner's Sons, 1932.

Deutsch, Otto Erich. *Mozart: A Documentary Biography*. Stanford: Stanford University Press, 1965.『ドキュメンタリーモーツァルトの生涯』（オットー・エーリヒ・ドイッチュ、ヨーゼフ・ハインツ・アイブル編、井本晌二訳、シンフォニア）

de Waal, Frans. *The Ape and the Sushi Master: Cultural Reflections of a Primatologist*. New York: Basic Books, 2001.『サルとすし職人——文化と動物の行動学』（フランス・ドゥ・ヴァール著、西田利貞、藤井留美訳、原書房）

Doolittle, Emily, and Henrik Brumm. "O Canto do Uirapuru: Consonant Intervals and Patterns in the Song of the Musician Wren." *Journal of Interdisciplinary Music Studies* 6, no. 1 (2012): 55-85.

Eens, Marcel, Rianne Pinxten, and Rudolf Frans Verheyen. "Male Song as a Cue for Mate Choice in the European Starling." *Behaviour* 116, no. 3 (1991): 210-38.

Estes, Clarissa Pinkola. *Women Who Run with the Wolves: Myths and Stories of the Wild Woman Archetype*. New York: Ballantine, 1992.『狼と駈ける女

たち――「野性の女」元型の神話と物語』（クラリッサ・ピンコラ・エステス著、原真佐子、植松みどり訳、新潮社）

Gentner, Timothy Q. "Mechanisms of Temporal Auditory Pattern Recognition in Songbirds." *Language Learning and Development* 3, no. 2 (2007): 157-78.

Gentner, Timothy Q., Kimberly M. Fenn, Daniel Margoliash, and Howard C. Nusbaum. "Recursive Syntactic Pattern Learning by Songbirds." *Nature* 440, no. 7088 (2006): 1204-7.

Glover, Jane. *Mozart's Women: The Man, the Music, and the Loves of His Life*. New York: HarperCollins, 2005.『モーツァルトと女性たち――家族、友人、音楽』（ジェイン・グラヴァー著、中矢一義監修、立石光子訳、白水社）

Godman, Stanley, and Stanley Godwin. *The Bird Fancyer's Delight*. London: Schott, 1985.

Gurewitsch, Matthew. "An Audubon in Sound." *Atlantic* 279, no. 3 (1997): 90-96.

Hartshorne, C. *Born to Sing: An Interpretation and World Survey of Bird Song*. Bloomington: Indiana University Press, 1973.

Haupt, Lyanda Lynn. *The Urban Bestiary: Encountering the Everyday Wild*. Boston: Little, Brown, 2012.

Hausberger, M. "Organization of Whistled Song Sequences in the European Starling." *Bird Behavior* 9, no. 1 (1990): 81-87.

Hausberger, M., P. Jenkins, and J. Keene. "Species-Specificity and Mimicry in Bird Song: Are They Paradoxes? A Reevaluation of Song Mimicry in the European Starling." *Behaviour* 117, no. 1 (1991): 53-81.

Hauser, Marc D., Noam Chomsky, and W. Tecumseh Fitch. "The Faculty of Language: What Is It, Who Has It, and How Did It Evolve?" *Science* 298, no. 5598 (2002): 1569-79.「言語能力――それは何か、誰が持つのか、どう進化したのか?」（『科学』2004年7月号　通号863 P.871～877　※ただし、ここに翻訳・掲載されているのは冒頭のP.1569～1571のみ）

Healy, Kevin, Luke McNally, Graeme D. Ruxton, Natalie Cooper, and Andrew L. Jackson. "Metabolic Rate and Body Size Are Linked with Perception of Temporal Information." *Animal Behaviour* 86, no. 4 (2013): 685-96.

Heartz, Daniel. "Mozart's Sense for Nature." *Nineteenth-Century Music* 15, no. 2 (1991): 107-15.

Hewett, I. "What Humans Can Learn from Birdsong." http://www.telegraph.co.uk/culture/music/classicalmusic/10841468/What-humanscan-learn-from-birdsong.html.

Hindmarsh, Andrew M. "Vocal Mimicry in Starlings." *Behaviour* 90, no. 4 (1984): 302-24.

Hockett, Charles. "Animal 'Languages' and Human Language." *Human Biology* 31, no. 1 (1959): 32-39.

Hulse, Stewart H., John Humpal, and Jeffrey Cynx. "Discrimination and Generalization of Rhythmic and Arrhythmic Sound Patterns by European Starlings (*Sturnus vulgaris*)." *Music Perception: An Interdisciplinary Journal* 1, no. 4 (1984): 442-64.

Humphreys, Rob. *The Rough Guide to Vienna*. London: Rough Guides, 2011.

Hutchings, Arthur. *A Companion to Mozart's Piano Concertos*. London: Oxford University Press, 1950.

Jarvis, Erich D. "Brains and Birdsong." *Nature's Music* (2004): 226-71.

———"Learned Birdsong and the Neurobiology of Human Language." *Annals of the New York Academy of Sciences* 1016, no. 1 (2004): 749-77.

Jenkins, Speight. "Papageno's Magical Humanity." *Encore* (May 2011): 10-11.

Johnson, P. *Mozart: A Life*. New York: Viking, 2013.

Keefe, S. P. *The Cambridge Companion to Mozart*. Cambridge: Cambridge University Press, 2003.

Koenig, W. D. "European Starlings and Their Effect on Native Cavity-Nesting Birds." *Conservation Biology* 17, no. 4 (2003): 1134-40.

Krause, Bernard L. *The Great Animal Orchestra: Finding the Origins of Music in the World's Wild Places*. Boston: Little, Brown, 2012.『野生のオーケストラが聴こえる――サウンドスケープ生態学と音楽の起源』（バーニー・クラウス著、伊達淳訳、みすず書房）

Landon, H. C. Robbins. *Mozart and Vienna*. New York: Schirmer, 1991.

Levi, Erik. *Mozart and the Nazis: How the Third Reich Abused a Cultural Icon*. New Haven, CT: Yale University Press, 2010.『モーツァルトとナチス――第三帝国による芸術の歪曲』（エリック・リーヴィー著、高橋宣也訳、白水社）

Lorenz, Michael. "New and Old Documents Concerning Mozart's Pupils Barbara Ployer and Josepha Auernhammer." *Eighteenth-Century Music* 3, no. 2 (2006): 311-22.

Lowe, Steven. "Mozart Piano Concertos Nos. 17 & 24." *Seattle Symphony Program Notes* (May 2015): 26-27.

Marcus, Gary F. "Language: Startling Starlings." *Nature* 440, no. 7088 (2006): 1117-18.

Mannes, Elena. *The Power of Music: Pioneering Discoveries in the New Science of Song*. New York: Walker, 2011.（『音楽と人間と宇宙——世界の共鳴を科学する』（エレナ・マネス著、柏野牧夫監修、佐々木千恵訳、ヤマハミュージックメディア）

McClary, Susan. "A Musical Dialectic from the Enlightenment: Mozart's Piano Concerto in G Major, K. 453, Movement 2." *Cultural Critique*, no. 4 (1986): 129-69.

Melograni, P., and L. G. Cochrane. *Wolfgang Amadeus Mozart: A Biography*. Chicago: University of Chicago Press, 2007.

Milius, Susan. "Grammar's for the Birds: Human-Only Language Rule? Tell Starlings." *Science News*, April 26, 2006. https://www.sciencenews.org/article/grammars-birds-human-only-language-rule-tell-starlings.

——"Music Without Borders." *Science News* 157, no. 16 (2000): 252.

Mozart, W. A. *Mozart: A Life in Letters*. Edited by Cliff Eisen. Translated by Stewart Spencer. New York: Penguin,2006.『モーツァルトの手紙』（吉田秀和編訳、講談社）；『モーツァルトの手紙——その生涯のロマン（上・下）』（柴田治三郎編訳、岩波書店）；『モーツァルト書簡全集』（海老沢敏、高橋英郎編訳、白水社）

——*Mozart's Letters, Mozart's Life: Selected Letters*. Edited and translated by Robert Spaethling. New York: Norton, 2000.

O'Donohue, J. *Anam Cara: A Book of Celtic Wisdom*. New York: Cliff Street Books, 1997.『アナム・カラ——ケルトの知恵』（ジョン・オドノヒュウ著、池央耿訳、角川書店）

Osborne, Charles. *The Complete Operas of Mozart: A Critical Guide*. New York: Atheneum, 1978.

Parks, G. Hapgood. "A Convenient Method of Sexing and Aging the Starling." *Bird-Banding* 33, no. 3 (1962): 148.

Pavlova, Denitza, Rianne Pinxten, and Marcel Eens. "Female Song in European Starlings: Sex Differences, Complexity, and Composition." *Condor* 107, no. 3 (2005): 559-69.

Plumb, Christopher. *The Georgian Menagerie: Exotic Animals in Eighteenth-Century London*. London: I. B. Tauris, 2015.

Robbins, Louise E. *Elephant Slaves and Pampered Parrots: Exotic Animals in Eighteenth-Century Paris*. Baltimore: Johns Hopkins University Press, 2002.

Rosen, Charles. *The Classical Style: Haydn, Mozart, Beethoven*. New York: W. W. Norton, 1997.

Rothenberg, David. *Why Birds Sing: A Journey Through the Mystery of Bird Song*. New York: Basic Books, 2005.

Sadie, Stanley. *The New Grove Mozart*. New York: W. W. Norton, 1983.

Shaffer, Peter. *Amadeus: A Drama*. New York: Samuel French, 2003.『アマデウス』（ピーター・シェファー作、江守徹訳、劇書房）

Sibley, David, Chris Elphick, and John B. Dunning. *The Sibley Guide to Bird Life and Behavior*. New York: Alfred A. Knopf, 2001.

Solomon, Maynard. *Mozart: A Life*. New York: HarperCollins, 1995.『モーツァルト』（メイナード・ソロモン著、石井宏訳、新書館）

Stalzer, Alfred. *Mozarthaus Vienna*. Munich: Prestel, 2006.

Steves, Rick. *Vienna, Salzburg, and Tirol*. Berkeley, CA: Avalon Travel Publishing, 2014.

Sund, Patricia. "History of Pet Bird Cages." http://www.birdchannel.com/bird-housing/bird-cages/history.of.cages.aspx.（※該当ページなし）

Thomas, Keith. *Man and the Natural World: Changing Attitudes in England, 1500-1800*. London: Allen Lane, 1983.『人間と自然界——近代イギリスにおける自然観の変遷』（キース・トマス著、山内昶監訳、法政大学出版局）

Till, N *Mozart and the Enlightenment: Truth, Virtue, and Beauty in Mozart's Operas*. New York: W. W. Norton, 1993.

Tinbergen, J. M. "Foraging Decisions in Starlings (*Sturnus vulgaris* L.)." *Ardea* 69 (2002): 1-67.

Todd, Kim. *Tinkering with Eden: A Natural History of Exotics in America*. New York: W. W. Norton, 2001.

Todt, Dietmar. "Influence of Auditory Stimulation on the Development of Syntactical and Temporal Features in European Starling Song." *Auk* 113, no. 2 (1996): 450-56.

Van Heijningen, Caroline A. A., Jos de Visser, Willem Zuidema, and Carel ten Cate. "Simple Rules Can Explain Discrimination of Putative Recursive Syntactic Structures by Songbirds: A Case Study on Zebra Finches." *The Evolution of Language*. Singapore: World Scientific Publishing, 2010.

Waltham, David. *Lucky Planet: Why Earth Is Exceptional——and What That Means for Life in the Universe*. New York: Basic Books, 2014.

Wayman, E. "Speech, Birdsong Share Wetware: Similar Genes Process Human and Bird Communication." *Science News* 183, no. 5 (2013).

Welty, Joel Carl, and Luis Felipe Baptista. *The Life of Birds*. New York: Saunders, 1988.

West, Meredith J., and Andrew P. King. "Mozart's Starling." *American Scientist* 78 (1990): 106-14.

West, Meredith J., A. Neil Stroud, and Andrew P. King. "Mimicry of the Human Voice by European Starlings: The Role of Social Interaction." *Wilson Bulletin* 95, no. 4 (1983): 635-40.

Wydoski, Richard S. "Seasonal Changes in the Color of Starling Bills." *Auk* 81, no. 4 (1964): 542-50.

Zaslaw, N., and W. Cowdery, eds. *The Compleat Mozart: A Guide to the Musical Works of Wolfgang Amadeus Mozart*. New York: W. W. Norton, 1990. 『モーツァルト全作品事典』（ニール・ザスロー著、ウィリアム・カウデリー編、森泰彦監訳、安田和信監訳補助、音楽之友社）

訳者あとがき

ムクドリ？　めっちゃ害鳥じゃないですか。モーツァルトとなんの関係があるんです？

これは、本書『モーツァルトのムクドリ——天才を支えたさえずり（*Mozart's Starling*, by Lyanda Lynn Haupt, 2017）』をある人に説明しようとしたときに、返ってきたことばだ。クラシック音楽のファンなら、モーツァルトの飼っていたムクドリがピアノ協奏曲第一七番のモチーフをさえずったという逸話を知っているかもしれない。だが、そうでない人にとって、両者はおよそ結びつかない存在のようだ。

モーツァルトが飼っていたのは、日本で一般にムクドリと呼ばれる種（*Spodiopsar cineraceus*）ではなく、近縁のホシムクドリ（*Sturnus vulgaris*）だが、日本のムクドリと同様の習性を持ち、本書の冒頭にもあるとおり、大群をなして糞害や騒音をもたらしたり、農作物を荒らしたりという理由で、地域によっては害鳥とみなされている。とくにアメリカでは、もともとは生息していなかったところへ十九世紀にイギリスから持ちこまれたので、在来鳥種の繁殖を阻害する〝侵略的外来種〟として忌み嫌われているらしい。

こんな嫌われもののムクドリを、歴史上とくに愛されてきた大作曲家のモーツァルトが、ペットとしてかわいがっていた——この事実に、本書の著者は好奇心をいたく刺激され、みずからムクドリを飼って、逸話の詳細を解明しようとした。モーツァルトがこのムクドリとどんなふうに過ごしていたのか、この鳥がピアノ協奏曲のモチーフをさえずったのは事実か、事実であるならどうやって学んだのか。さらには、鳥のさえずりは音楽と呼べるのか、あるいは言語なのか。〝モーツァルトとムクドリ〟を主題に、著者は想像の翼を縦横に広げて、さまざまな角度からこの逸話を掘りさげ、ときに詩的、ときに哲学的な考察を展開している。章の見出しからしてそうだが、最終章を経てコーダまで行き着くと、まるで複雑な構成の曲を聴きおえたかのような印象を受ける。

著者のライアンダ・リン・ハウプトは、アメリカのシアトル在住のネイチャーライターで、カラスなど都市部の鳥をテーマにした著書が数冊ある。野生生物、とくに鳥に対する愛情にあふれ、本書にも、鳥好きにはたまらない描写が多々見られる。訳者にとって驚きだったのは、ムクドリの模倣能力の高さだ。著者が飼っているカーメンもさまざまな音やことばを物まねするが、インターネットで検索すると、ムクドリが多種多様な歌やおしゃべりを披露する動画が次々に出てくる。

とはいえ、日本では現在、野生の鳥をペットとして飼うことは法律で禁じられている。本書を読んだら、ムクドリを飼って歌やことばを教えたい衝動に駆られるが、残念ながら日本ではそれは無理なようだ（また、アメリカとはちがって、ムクドリの巣や卵を破壊して〝駆除〟することも禁じられている）。読者のみなさんには、本書を通じて、ムクドリのかわいらしさと非凡な能力をぞんぶんにモーツァルトと共有し、味わっていただきたい。

二〇一八年八月

宇丹貴代実

モーツァルトのムクドリ
天才を支えたさえずり

2018 年 9 月 20 日　第一刷発行
2019 年 3 月 10 日　第二刷発行

著　者　ライアンダ・リン・ハウプト
訳　者　宇丹貴代実

発行者　清水一人
発行所　青土社
〒 101-0051　東京都千代田区神田神保町 1-29 市瀬ビル
［電話］03-3291-9831（編集）03-3294-7829（営業）
［振替］00190-7-192955

印刷・製本　ディグ
装幀　松田行正＋倉橋弘
ISBN978-4-7917-7106-6　Printed in Japan